供电企业非生产场所
消防安全检查手册

国网浙江综合服务公司　编

图书在版编目（CIP）数据

供电企业非生产场所消防安全检查手册/国网浙江综合服务公司编. —北京：中国电力出版社，2021.9

ISBN 978-7-5198-5963-3

Ⅰ. ①供… Ⅱ. ①国… Ⅲ. ①供电–工业企业–消防管理–手册 Ⅳ. ①TM72-62

中国版本图书馆 CIP 数据核字（2021）第 181428 号

出版发行：中国电力出版社
地　　址：北京市东城区北京站西街 19 号（邮政编码 100005）
网　　址：http://www.cepp.sgcc.com.cn
责任编辑：石　雪　高　畅
责任校对：黄　蓓　王小鹏
装帧设计：郝晓燕
责任印制：钱兴根

印　　刷：三河市万龙印装有限公司
版　　次：2021 年 9 月第一版
印　　次：2021 年 9 月北京第一次印刷
开　　本：710 毫米×1000 毫米　16 开本
印　　张：12.75
字　　数：224 千字
定　　价：65.00 元

编 委 会

编 写 组

主　　编　王　珏

副 主 编　杨　成　邹　凯

参编人员　陆建伟　郑　静　俞永奇　薛　伟

吕施霖　潘　敏

审稿人员　赵仲荣　韩晓军　张晓龙　孔晓杭

周　骅　朱　炯　张坚瑜　徐　亮

彭凌云　陈伟军　黄冬梅　汪圣华

金　辉

前　言

为了加强和规范消防安全管理工作，督促公司系统各单位履行消防安全职责，落实《国网浙江省电力有限公司消防安全责任制实施办法》（浙电规〔2018〕4号）的相关规定，依据《中华人民共和国消防法》《浙江省消防条例》《建筑设计防火规范》《机关、团体、企业、事业单位消防安全管理规定》（公安部令第61号）等相关规范及要求，制定本手册。

本手册适用于本系统单位内所有非生产场所及生产场所内的公共消防设施管理部位。

非生产场所包括而不限于如下场所：本部大楼、生产基地、物资仓库、会议培训综合用房等。

生产场所内的公共消防设施管理部位包括：完全用于电力生产场所的消防管理部位（如变电站内主控室、蓄电池室、水泵房、电缆通道等）和非生产场所内的生产部位（如本部大楼内的调度中心、机房、UPS电源室等）。

本手册共分为3章：第1章介绍建筑消防巡查检查方法，包括建筑防火、消防设施、消防安全管理和消防重点部位的巡查检查方法。第2章介绍后勤典型场所检查要点，包括一些典型场所，如本部大楼、生产基地产业园区、物资仓库、会议培训综合用房及集体宿舍等的检查要点。第3章介绍典型消防隐患整改方法，分别从建筑防火、消防设施、消防安全管理三大方面出发，列举各20个常见消防隐患，对其原因进行分析并提出整改方案；同时列举三个系统性消防安全隐患，进行细致入微的排查，找出造成该系统隐患的原因，最后提出整改方案。

编　者

2021年6月

目 录

第 1 章

建筑消防巡查检查方法

1.1 消防巡查检查总体思路与基本流程

火灾是威胁公众安全和社会发展的主要灾害之一。为了有效预防火灾，及时扑救火情，减轻火灾带来的人员伤亡和财产损失，在建筑物设计建造的过程中，各方人员投入了大量的人力物力，建成了一系列防火控火设施。然而，在建筑物投入使用后，由于管理或维护不当，往往导致消防设施设备得不到良好保养、防火与疏散措施难以发挥实效。为了避免上述情况的发生，使设计建造阶段的大量消防投入能够切实地发挥出应有的效果，开展消防巡查检查工作十分必要。

对于消防巡查检查工作，国家、地方与各部委发布的各项技术规范与标准就是开展工作的准绳。然而，各项规范并不是一成不变的，随着时间的更迭、社会的发展，人们对建筑功能的要求越来越高、越来越多样化，各类新工艺、新技术也不断涌现，为了与实际工作相适应，各项规范也在不断地修订。如果用新规范去要求老建筑，有可能出现规范难以使用的情况。为了解决这一问题，在开展消防巡查检查工作之前，首先应明确建筑设计年限。在检查一幢建筑之前，应先查看其《建筑工程消防设计审核意见书》的落款年限，若规范发生了变化，则以落款年限之前的版本为准。明确这一点，是开展消防巡查检查工作的前提。

在消防安全管理工作中，消防巡查与消防检查是两个不同的概念。

消防巡查，即消防工作的日常巡逻、查看。大多侧重于外观性巡视，对专业性的要求相对较低，工作人员只需具备基本的消防巡查知识即可开展工作。因此，往往与安保巡查等其他巡查活动合并进行。例如：查看疏散通道是否堆放杂物，查看常闭式防火门是否处在关闭状态，查看消防设施外观是否完好无损等。我国法规规定：消防安全重点单位至少每日开展一次防火巡查；公众聚集场所在营业期间至少每 2h 开展一次防火巡查，营业结束时应当对营业现场进行检查，消除遗留火种。

消防检查，以月或季为周期，一般由消防安全负责人组织及参与。消防检查更多侧重于功能性查验，较消防巡查而言更为细致，专业性相对较高。在实际操作中，消防检查可以按照“自外而内”“自下而上”的总体思路来开展。“自外而内”，指先检查建筑内部外部的灭火救援设施，如消防车道、室外消火栓、水泵接合器等，对建筑物的基本情况与布局进行了解，再对建筑内部的各类防火设施与灭火系统进行详细检查。“自下而上”，指先检查地下各楼层，尤其是设置在地下的各类功能性用房，如消防控制室、消防水泵房、配电室等，再检查地上各楼层，最后检查屋面层。

综上所述，消防检查的基本流程如图 1－1－1 所示。

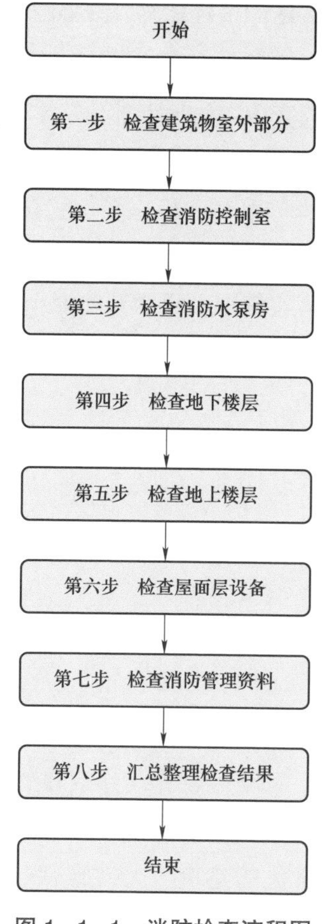

图 1－1－1　消防检查流程图

第一步：检查建筑物室外部分。检查时，先沿建筑物外围行走一圈，在进行室外检查的同时，建立对建筑物形态、布局的总体认知。室外消防检查的内容主要有：查看建筑外围是否存在违章搭建、消防车道是否畅通、消防登高操作场地是否满足要求、消防救援窗口是否张贴标识、室外消火栓和水泵接合器是否规范设置等。

第二步：检查消防控制室。进入建筑物内后，检查工作建议先从消防控制室开始，这样有利于工作人员了解消防设施设置与运行的总体情况，以便在后续检查中做到心中有数。首先，查看消防控制室自身设置是否规范。其次，浏览消防主机上的信息，查看有无火警，有无设备故障，有无屏蔽、监管等异常状态，若发现异常，应向消防控制室工作人员询问情况，并在后续检查中前往现场查看，及时联系消防维保单位进行处理。最后，应记录多线控制盘上水泵、风机等大型消防设备的设置数量与位置，以便在后续检查中进行重点查验，避免缺项少量。

第三步：检查消防水泵房。消防水泵是消防给水系统的心脏，是维持水灭火系统安全可靠运行的核心设备之一。因此，必须对消防水泵及泵房的检查引起高度重视。首先，检查消防水泵房自身设置是否满足要求，泵房内的消防设施，如应急照明、消防电话等设备能否正常使用。其次，检查水泵房内设置的消防设施外观状态是否良好，运行状态是否正常，功能是否完好。

第四步：检查地下楼层。先前往建筑物最底层，通过试压枪头测量消火栓栓口压力，然后自下而上检查地下各层及楼梯间，沿途查看防火分区与分隔情况、安全疏散情况、建筑内部装修情况、电气防火情况和喷头、灭火器布置情况等，并对火灾探测器、排烟风机、送风口（阀）等消防设施进行抽查。值得注意的是，地下室往往设有较多的功能性用房，如配电室、风机房等，在检查过程中，应对这些特殊部位进行重点查看。

第五步：检查地上楼层。首先前往首层查看消防电梯设置情况，然后自下而上对各楼层进行检查。对于层数特别高的建筑，可将其划分为上、中、下三个区域，在每个区域中分别抽查若干楼层，通过数次检查，实现对整幢建筑的全覆盖。地上部分的检查内容与地下部分基本一致，但应重点加强对机房、厨房等区域的检查力度。

第六步：检查屋面层设备。在建筑的屋面层，通常设置有试验消火栓、高位消防水箱、稳压泵、稳压罐、风机等设备，检查时不应将其遗漏。

第七步：返回消防控制室，检查消防安全管理相关内容。如：消防安全责任制落实情况、日常消防安全管理情况、微型消防站管理情况、消防教育培训情况等。

第八步：对检查结果进行梳理汇总，明确整改期限与责任人员，使工作形成闭环。

以上消防检查流程为实际参与消防检查的工作人员的一般检查步骤，是大部分检查人员的经验总结。在实际工作中，工作人员可以根据建筑的具体情况，结合自身经验，摸索出一套适用于该建筑的消防巡查检查方法，只要做到不缺项、不漏项即可。

1.2 建 筑 防 火

防火设计是建筑设计中极为重要的一环。做好防火设计，可以在火灾发生后将火势限定在某一区域内，减缓灾情蔓延速度，更加有效地维护人身和财产安全。常见的建筑防火措施有：提高建筑材料的防火性能、优化总平面布局和平面布置、进行防火分区与分隔、提升安全疏散的有效性、严格选用装修材料、落实电气防火措施等。

1.2.1 总平面布局

建筑的总平面布局应满足城市总体规划和消防安全的要求。通过合理选择建筑位置、划分功能区、设置必要的防火间距，可有效消除或减少建筑之间及建筑对周边环境的影响，防止火势的蔓延和扩大。此外，还应满足消防扑救的基本要求，设置消防车道、灭火救援窗、消防登高操作场地等，为扑救火灾创造有利条件。

本小节内容主要参考 GB 50016—2014《建筑设计防火规范（2018 年版）》中的第 7 章。

在对建筑物总平面布局进行检查时，应着重关注以下几个方面：

（1）查看建筑周边，是否有违章搭建建筑物、构筑物或堆放可燃物，而导致原有两幢建筑间的防火间距被缩减的情况。

（2）建筑消防车道的净宽、净高均不应小于 4m。车道应保持通畅，不应有影响车辆通行的障碍物或树木，不应违规占用消防车道（见图 1–2–1）。

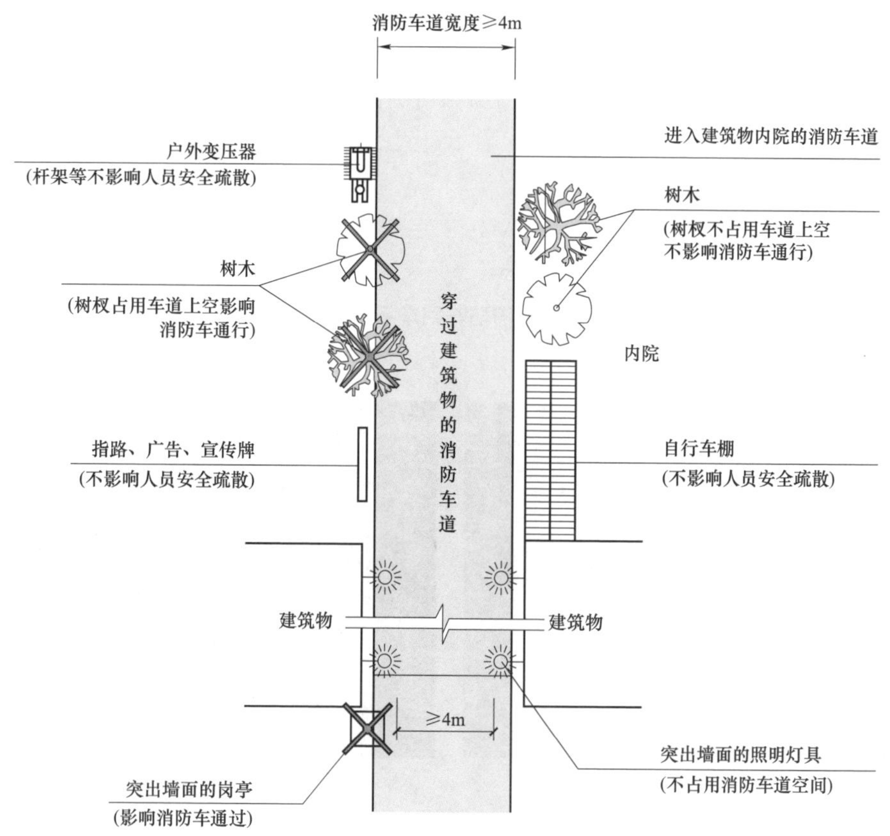

图 1–2–1　消防车道平面示意图

（3）环形消防车道应至少有两处与其他车道相连通（见图 1–2–2）。

（4）尽头式消防车道应在尽端设置不小于 12m×12m 的回车场，回车场面积不得占用（见图 1–2–3）。

（5）高度大于 24m 的建筑应设置消防登高操作场地，场地应画线明确，不得挪作他用（见图 1–2–4 和图 1–2–5）。

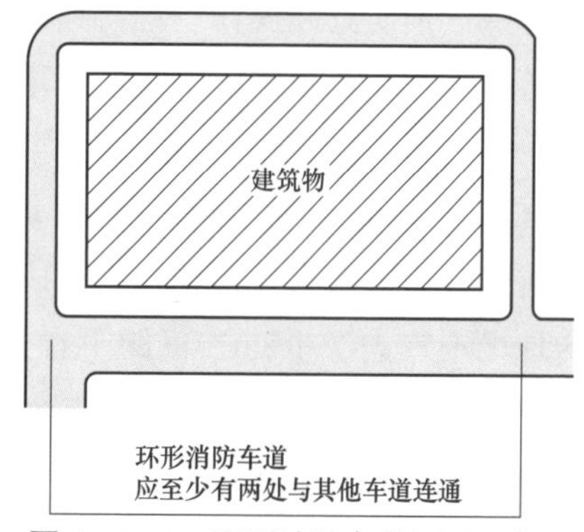

图 1–2–2　环形消防车道平面示意图

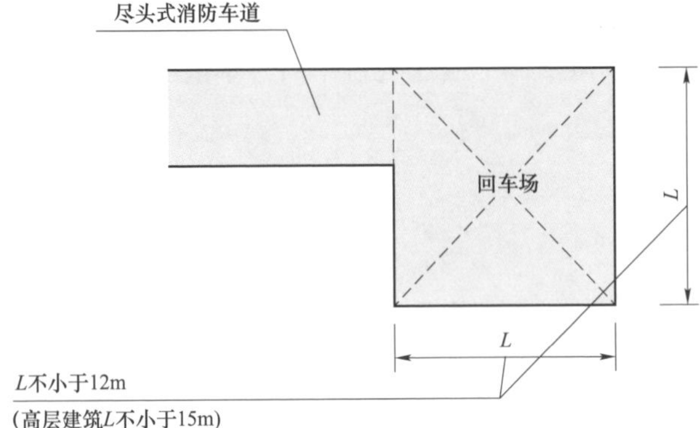

图 1-2-3　消防车回车场平面示意图

图 1-2-4　登高操作场地画线清晰、标识规范

图 1-2-5　原有登高操作场地未标识画线，现场占用为停车场

（6）消防登高操作场地与建筑之间不应设有妨碍消防车操作的树木、架空管线等。操作场地范围内的裙房、雨棚进深不应大于 4m。

（7）查看该建筑《建筑工程消防设计审核意见书》，若该文件落款时间晚于 2015 年 5 月 1 日，则在登高操作场地对应一面的建筑外墙上，还应设有方便消防员进入建筑的灭火救援窗口，窗口的净高度和净宽度均不应小于 1.0m，下沿距室内地面不宜大于 1.2m，间距不宜大于 20m 且每个防火分区不应少于 2 个，设置位置应与消防车登高操作场地相对应（见图 1-2-6）。

（8）消防救援窗口的玻璃应易于破碎，并应设置可在室外易于识别的明显标识（见图 1-2-7）。

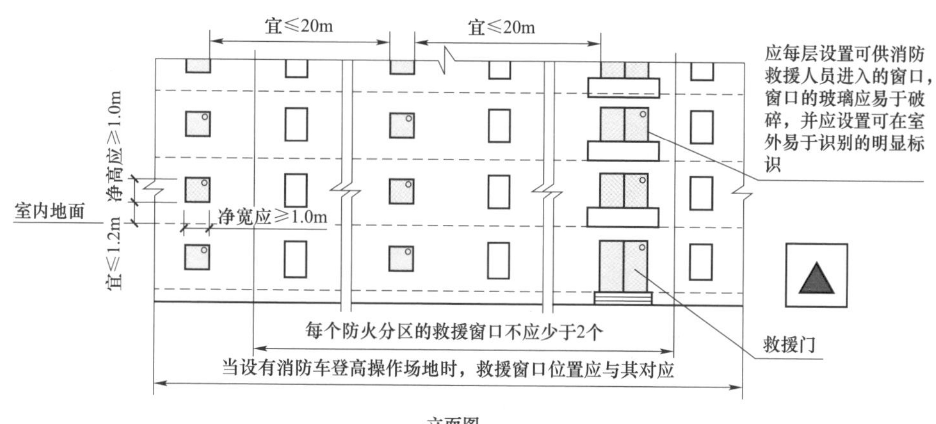

图 1-2-6　消防救援窗口示意图

图 1-2-7　消防救援窗口上应贴有明显标识

1.2.2　防火分区与分隔

一座建筑内往往存在多种不同用途的场所，这些场所的火灾危险性很可能各不相同。通过对建筑的平面进行合理布置，可以将火灾危险性大的空间相对集中，并通过设置防火墙、防火门窗、防火卷帘等方式，将其与火灾危险性小的空间划分为不同的防火分区。在防火分区内部，还可以进一步进行防火分隔。这些措施都是为了控制烟气和火势蔓延，加速人员疏散，方便扑救火灾。

本小节内容主要参考 GB 50016—2014《建筑设计防火规范（2018 年版）》中的第 5 章、第 6 章。

在对建筑物防火分区与分隔情况进行检查时，应着重关注以下几个方面：

（1）防火分区之间应采用防火墙进行分隔，墙上的门窗应采用甲级防火门窗或耐火极限不低于 3h 的防火卷帘，防火门窗、防火卷帘的参数可通过查看产品出厂合格证或型式检验报告判定（见图 1–2–8 和图 1–2–9）。

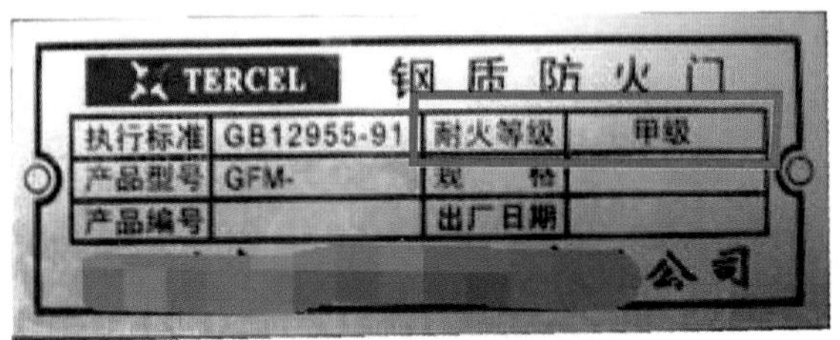

图 1–2–8　防火门标识牌

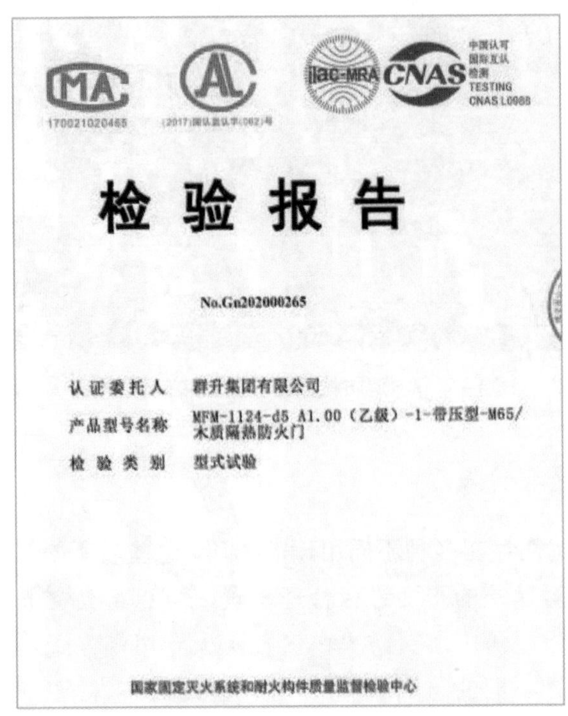

CMA 170021020465

(2017)国认监认字(082)号

ilac-MRA CNAS 中国认可 国际互认 检测 TESTING CNAS L0988

检验报告

No.Gn202000265

认证委托人　群升集团有限公司

产品型号名称　MFM-1124-d5 A1.00（乙级）-1-带压型-M65/木质隔热防火门

检验类别　型式试验

国家固定灭火系统和耐火构件质量监督检验中心

图 1–2–9　型式检验报告

（2）防火墙应从地板砌筑到上层楼板，不能只砌筑到吊顶；防火门、防火卷帘上方也应采用耐火极限不低于 3h 的墙体分隔到顶（见图 1–2–10 和图 1–2–11）。现场无法确定墙体耐火极限时，可通过观察墙体材质的方法进行简单判断，实体砖墙或混凝土墙的耐火极限往往能够满足要求，夹心板材的耐火极限则不甚理想。

图 1–2–10　防火卷帘上方通过墙体分隔到顶

图 1–2–11　防火门上方墙体只延伸到吊顶，吊顶上部未进行防火分隔

（3）建筑内的中庭与周围连通空间的防火分隔措施（隔墙、防火玻璃、卷帘等）应完好。火灾自动报警系统、排烟系统、自动喷水灭火系统等消防设施应处于正常工作状态。中庭内不应堆放可燃物或布置经营性商业设施及其他影响人员疏散的设施设备（见图 1–2–12 和图 1–2–13）。

图 1–2–12　用于分隔中庭的防火卷帘完好

图 1–2–13　中庭堆放可燃物

（4）管道穿墙处形成的孔洞应采用防火材料封堵严密，PVC 管道穿越墙体处还应设置阻火圈（见图 1–2–14 和图 1–2–15）。

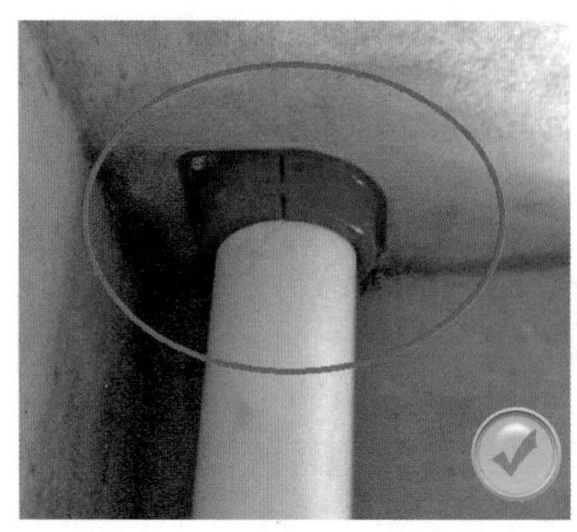

图 1-2-14　PVC 管穿墙处安装了阻火圈

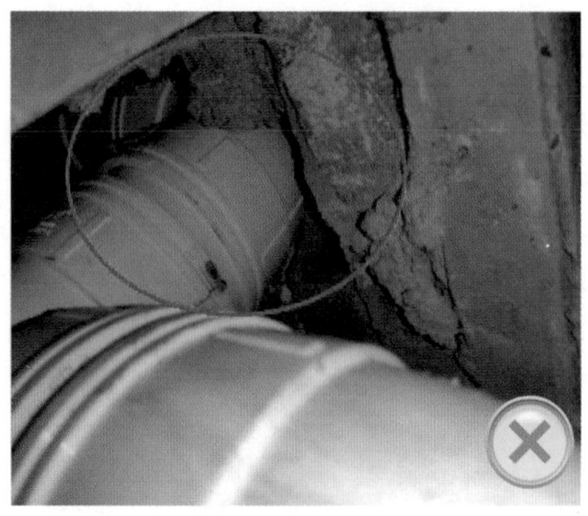

图 1-2-15　PVC 管道穿越墙体处未对缝隙进行封堵、未设置阻火圈

（5）查看防火卷帘。

1）防火卷帘应保持外观状态良好，构件齐全、完整，帘面无破损现象（见图 1-2-16 和图 1-2-17）。

图 1-2-16　桥架穿越防火卷帘处施工规范，保持了防火卷帘的完好性

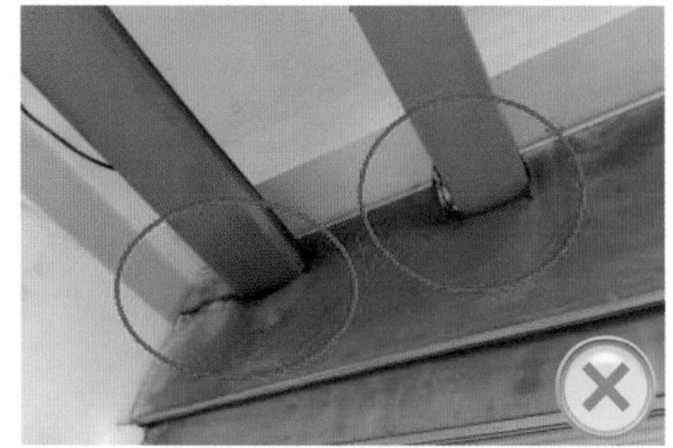

图 1-2-17　防火卷帘帘面被桥架破坏，不能有效挡烟阻火

2）防火卷帘导轨表面应光滑、平直。帘面与导轨之间应搭接良好，不应出现裂缝或孔洞。防火卷帘在导轨内运行时应平稳顺畅，不应有碰撞、卡顿等现象（见图 1-2-18 和图 1-2-19）。

图 1-2-18 防火卷帘导轨光滑平直，帘面与导轨搭接良好

图 1-2-19 防火卷帘导轨收到撞击变形，影响卷帘的顺利降落

3）防火卷帘与楼板、梁、墙、柱之间的空隙应封堵严密，防火封堵材料的耐火极限不应低于防火卷帘本身的耐火极限（见图 1-2-20 和图 1-2-21）。

图 1-2-20 防火卷帘与墙体之间封堵严密

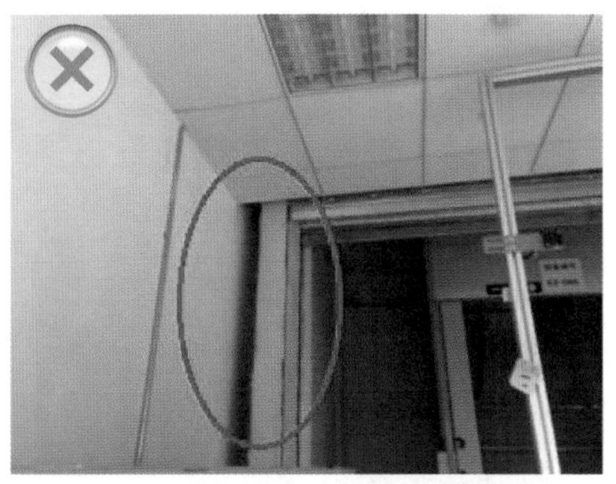

图 1-2-21 防火卷帘与墙体间的缝隙未封堵

4）防火卷帘控制器及手动按钮盒应安装牢靠。按动手动按钮盒“升起”“停止”“下降”等按钮，防火卷帘应执行相应命令。防火卷帘动作后，消防主机应能显示相应反馈信号（见图 1-2-22）。

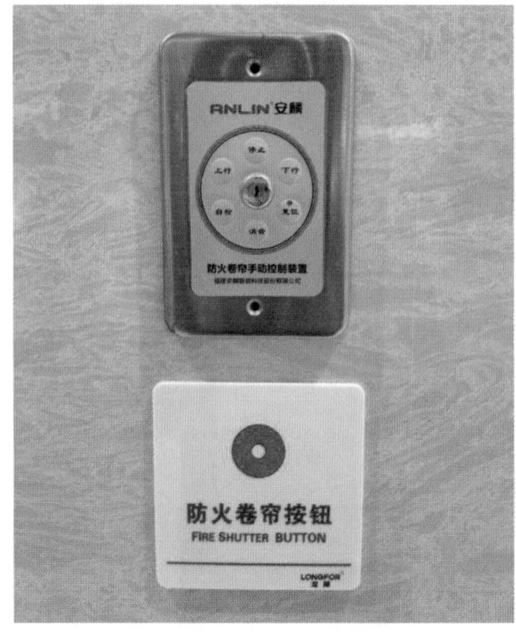

图 1-2-22　防火卷帘控制盒

5）防火卷帘下方不应设置影响卷帘降落的设施或堆放杂物（见图 1-2-23 和图 1-2-24）。

图 1-2-23　防火卷帘附近张贴警示标识牌

图 1-2-24　防火卷帘下方堆放杂物

6）防火卷帘手动速放链条应放下，不应置于卷帘箱内，以便在紧急情况下通过手动方式快速降落卷帘（见图 1-2-25 和图 1-2-26）。

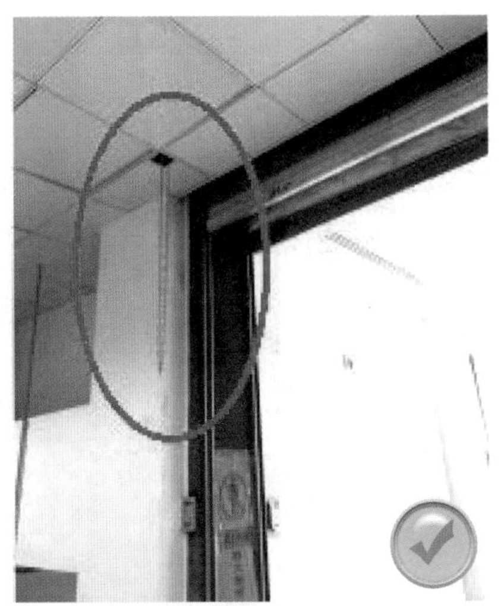

图 1-2-25　防火卷帘手动速放链条被放下，火灾时便于取用

图 1-2-26　防火卷帘手动速放链条被置于卷帘箱内，不便取用

（6）查看防火门。

1）前室和楼梯间的门均应采用乙级防火门，并向疏散方向开启，不能向楼梯间或前室内部开启（见图 1-2-27 和图 1-2-28）。

图 1-2-27　楼梯间和前室的门采用乙级防火门，向疏散方向开启

图 1-2-28　楼梯间与大厅之间采用普通玻璃门进行防火分隔

2）防火门外观状态应保持良好，门扇应启闭灵活，无反弹、翘角、卡阻和关闭不严现象（见图1-2-29和图1-2-30）。

图1-2-29　防火门外观良好，关闭严密

图1-2-30　防火门出现老化、翘边现象，不能严密关闭

3）常闭式双扇和多扇防火门应有顺位器。顺位器应外观完好，无脱落、卡塞等现象，并能使各扇防火门按顺序关闭（见图1-2-31和图1-2-32）。

图1-2-31　防火门顺位器安装规范，功能正常

图1-2-32　双扇防火门未安装顺位器

4）常闭式防火门平常应处于关闭状态，尤其是位于楼梯间和前室的常闭式防火门。这些空间是发生火灾时最主要的疏散通道，必须保证其安全性（见图 1–2–33 和图 1–2–34）。

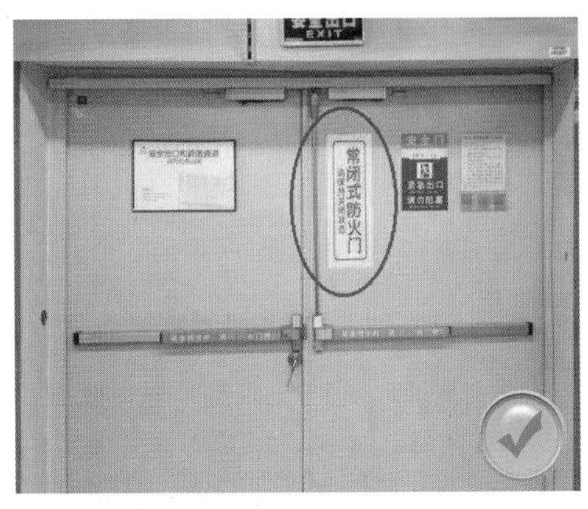

图 1–2–33　常闭式防火门粘贴警示牌，平时处于关闭状态

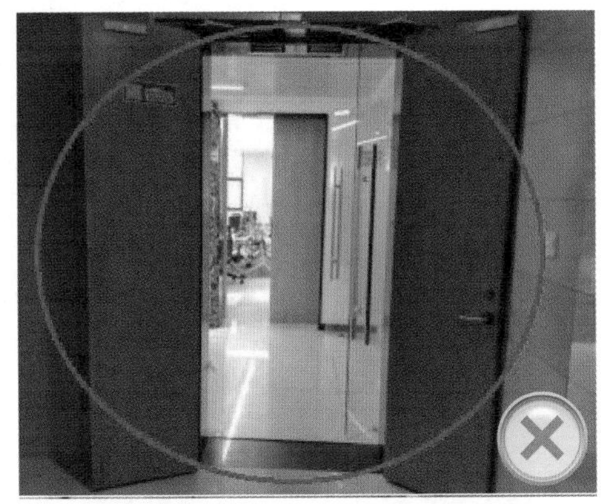

图 1–2–34　常闭防火门处于常开状态

5）常闭式防火门应装有闭门器，闭门器应保持外观完好无损，无脱落、无锈蚀现象。防火门被打开后，应能够通过闭门器自动闭合严密（见图 1–2–35 和图 1–2–36）。

图 1–2–35　防火门闭门器能使门关闭严密

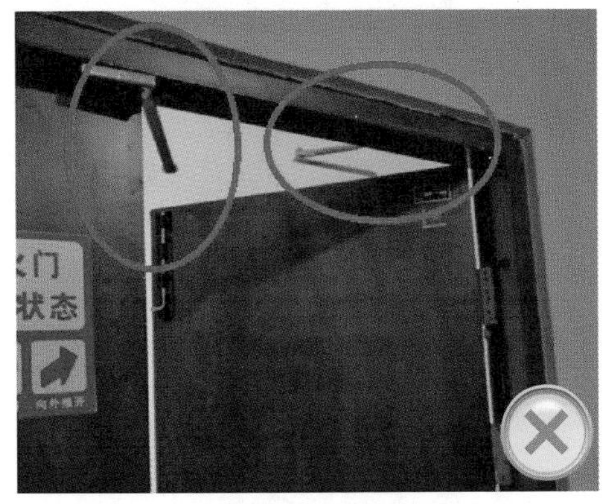

图 1–2–36　防火门闭门器老化失效，无法自动将门关闭严密

6）常开式防火门应具有火灾时自行关闭的功能，并将信号反馈至消防控制室的防火门监控器上（见图 1–2–37）。

7）防火门与墙体间的缝隙应采用水泥砂浆等不燃性防火封堵材料封堵严密（见图 1–2–38 和图 1–2–39）。

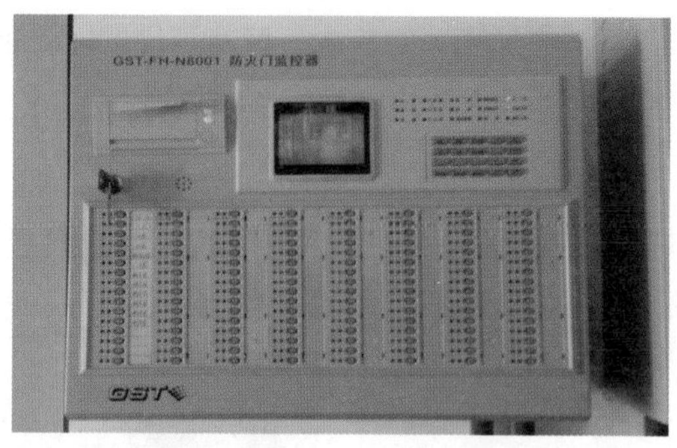

图 1-2-37　防火门监控器

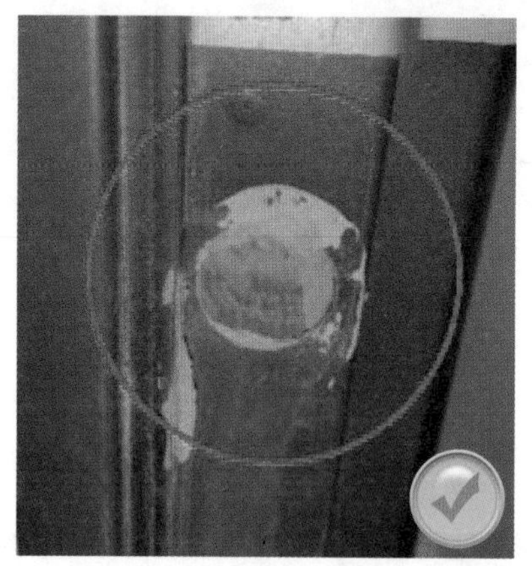

图 1-2-38　门框可使用水泥砂浆灌浆封堵

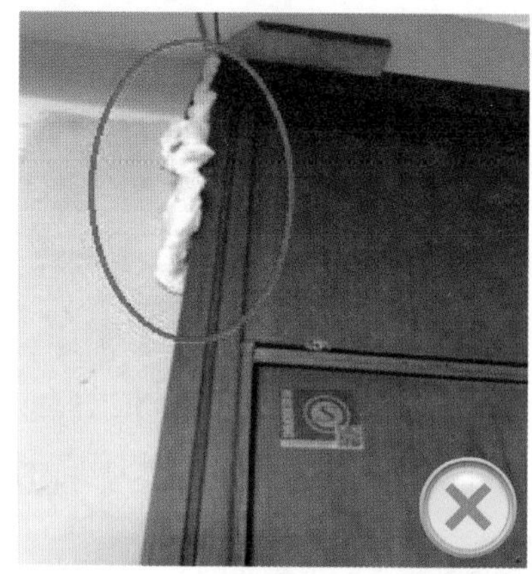

图 1-2-39　门框使用发泡剂等可燃材料封堵

8）防火门门框、门扇交接处的防烟密封条应安装牢固，无破损（见图 1-2-40 和图 1-2-41）。

图 1-2-40　防烟条安装牢固

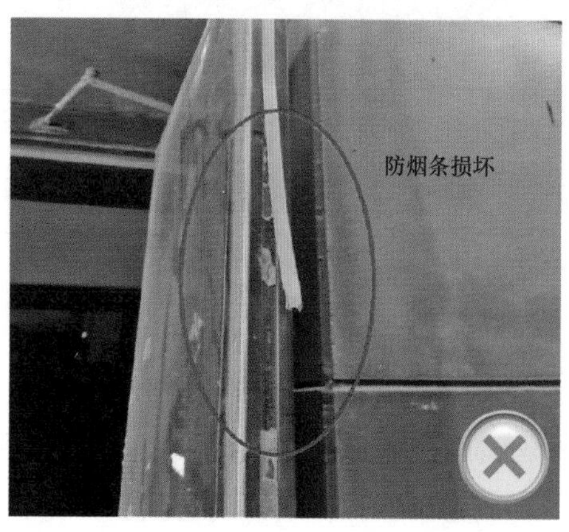

图 1-2-41　防烟条损坏，无法有效阻挡烟气

9）防火门的完整性应保持完好，不应对防火门的防火锁、防火猫眼、防火玻璃等部位进行换装，不应在门上加装通风百叶、普通玻璃观察窗等（见图 1-2-42 和图 1-2-43）。

图 1-2-42　防火门上使用防火玻璃、防火锁

图 1-2-43　私自改装防火门、加装百叶

（7）电缆井、管道井、排烟道、排气道等竖向井道，设置井壁上的检修门应采用丙级防火门（见图 1-2-44 和图 1-2-45）。

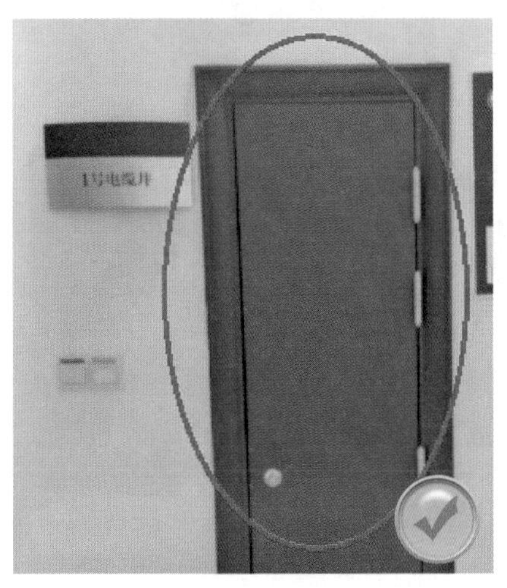

图 1-2-44　竖向井道的检修门采用丙级防火门

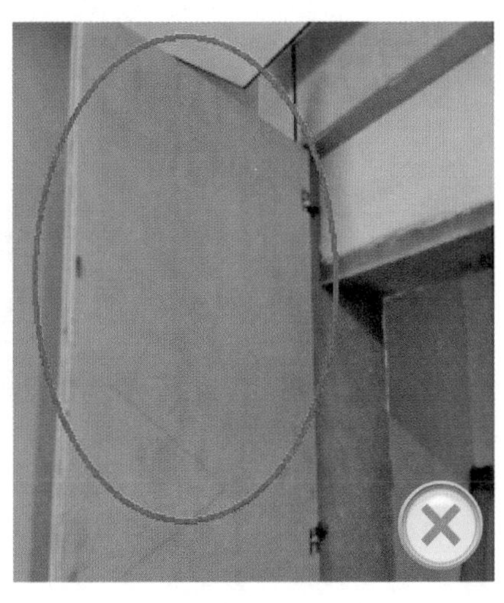
图 1-2-45　竖向井道检修门采用普通木门

1.2.3 安全疏散

安全疏散是建筑防火设计的重要组成部分，也是消防监督检查的一项重要内容，其有效性直接关系到人民群众的生命安全。发生火灾时，建筑首层人员经由疏散门、疏散通道和安全出口疏散到室外安全区域，其他楼层人员首先通过楼梯间到达首层，继而疏散到室外安全区域。安全疏散的内容包括合理设置安全出口和疏散门的位置、数量、宽度，合理控制疏散路径长度与疏散通道宽度，合理设置楼梯间的形式等。

本小节内容主要参考 GB 50016—2014《建筑设计防火规范（2018 年版）》中的第 5.5 节、第 10.3 节和 GB 51309—2018《消防应急照明和疏散指示系统技术标准》相关内容。

在对建筑物安全疏散情况进行检查时，应着重关注以下几个方面：

（1）建筑内的疏散走道应保持畅通，走道上不应堆放杂物，不应设置影响疏散宽度的功能设施，如座椅、茶台等（见图 1-2-46）。

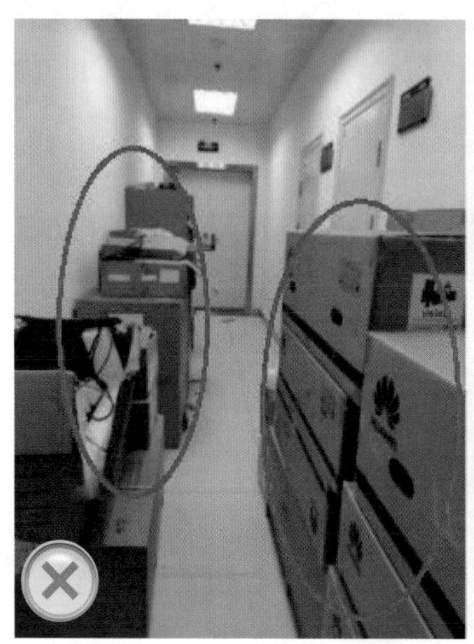

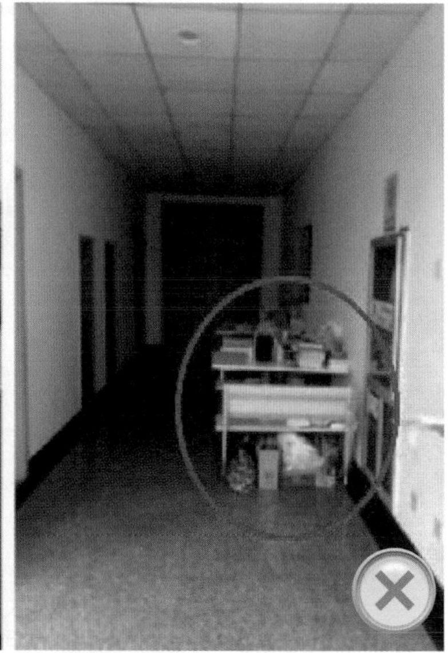

图 1-2-46　疏散走道上堆放杂物

（2）疏散走道和安全出口的顶棚、墙面不应采用影响人员安全疏散的镜面反光材料，以免在灾情发生时混淆疏散路径，影响疏散效率（见图 1-2-47）。

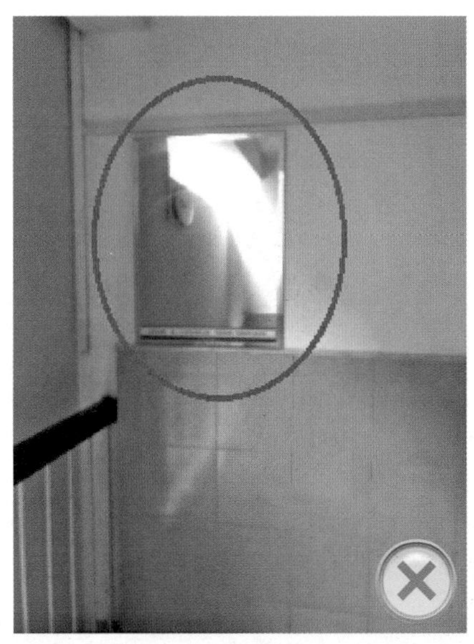

图 1-2-47　人员疏散路径上设置镜面

（3）建筑内的疏散楼梯应畅通，楼梯间及前室内不应放置杂物（见图 1-2-48）。

图 1-2-48　楼梯间内堆放可燃物

（4）不应在楼梯间及前室内设置烧水间、值班室等功能用房（见图 1-2-49）。

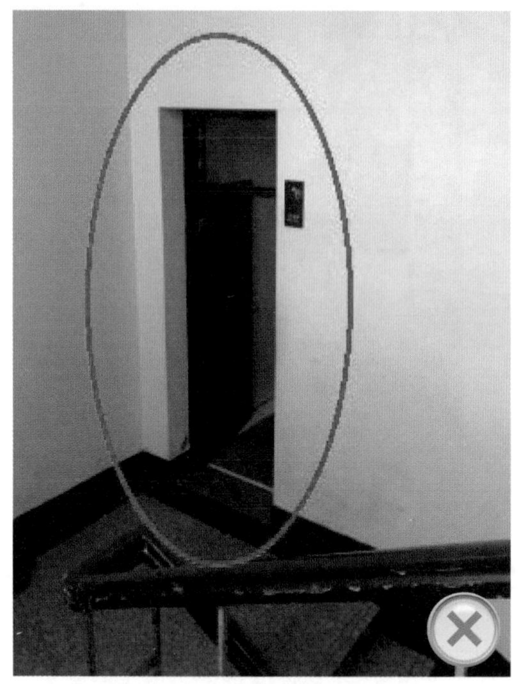
图 1-2-49　楼梯间内设置烧水间

（5）楼梯间及前室的疏散门应为乙级防火门，楼梯间内不应开设除疏散门和送风口以外的其他开口或孔洞（见图 1-2-50）。

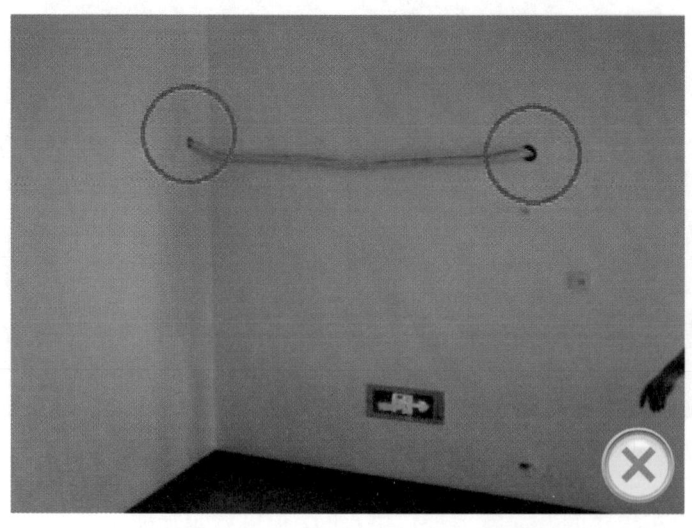
图 1-2-50　楼梯间的墙上设置了空调外机与房间连通的空调管道

（6）楼梯间内不应设置空调外机、配电柜等可能引发火灾的设施设备（见图 1-2-51）。

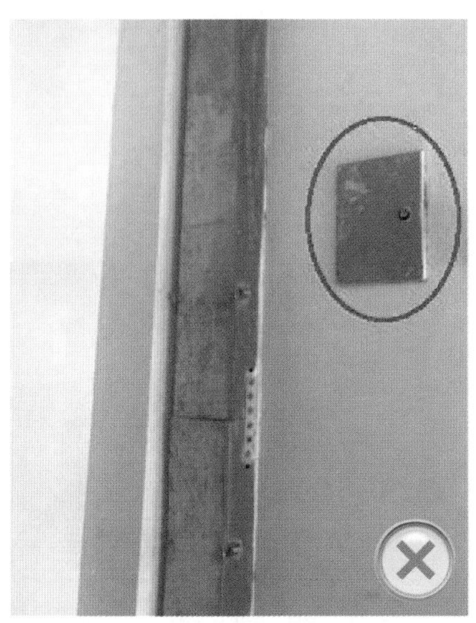

图 1-2-51　楼梯间内设置配电柜

（7）楼梯间在首层应能直通室外，确有困难时，可在首层采用扩大的封闭楼梯间或防烟楼梯间前室。当建筑物不大于四层时，楼梯间可以不直接通向室外，但楼梯间与直通室外的安全出口之间的距离不应大于 15m（见图 1-2-52 和图 1-2-53）。

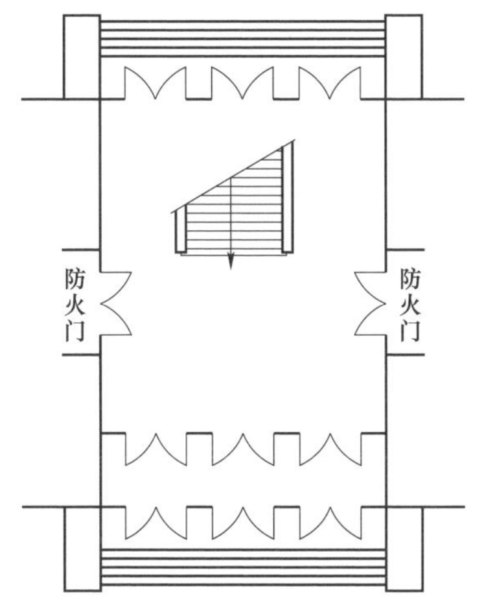

图 1-2-52　扩大的封闭楼梯间

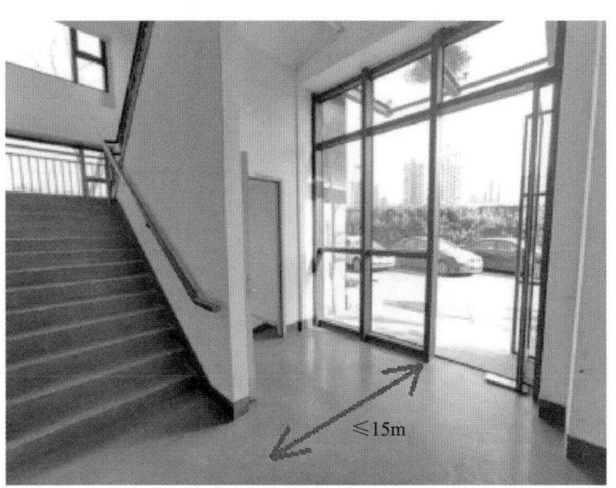

图 1-2-53　楼梯间与直通室外的安全出口间距

（8）若建筑物设有室外楼梯，则通向该楼梯的门应为乙级防火门，楼梯平台耐火极限不应低于 1h，梯段耐火极限不应低于 0.25h，且该楼梯周边 2m 范围内的外墙上不应开设门、窗、洞口（见图 1−2−54 和图 1−2−55）。

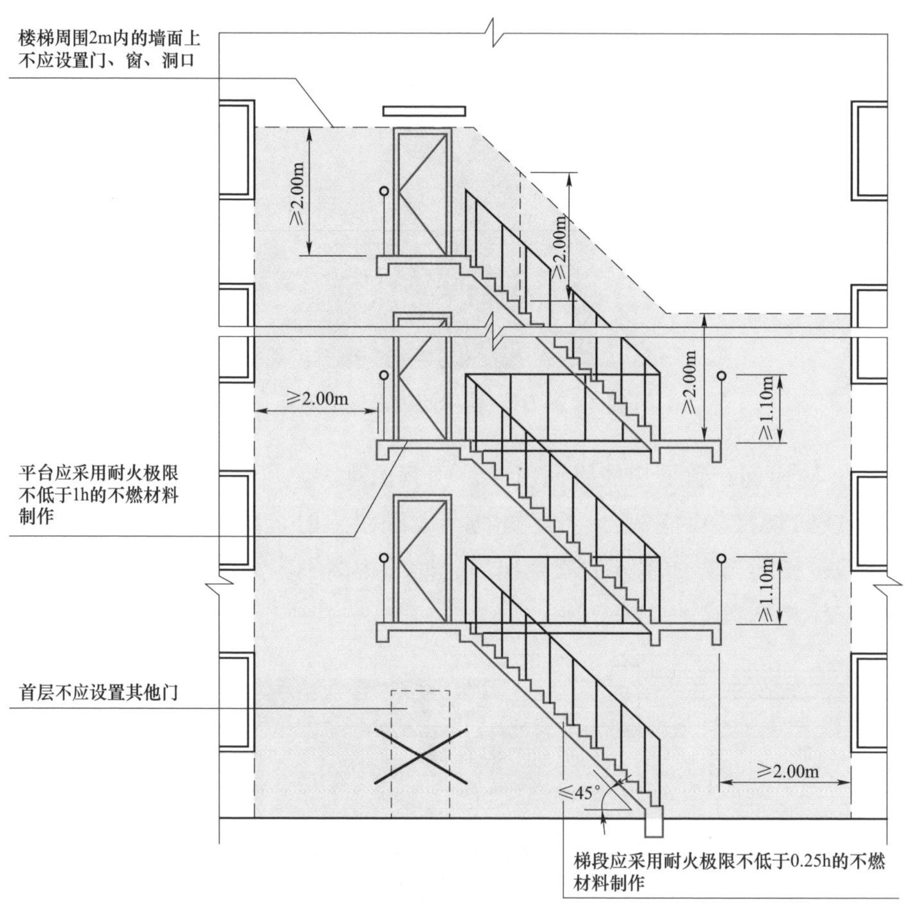

图 1−2−54　室外楼梯布置要求示意图

图 1-2-55　室外楼梯周边 2m 范围内的外墙上不应开设门、窗、洞口

（9）疏散门应向疏散方向开启。疏散门应保持通畅，不应上锁（见图 1-2-56 和图 1-2-57）。

图 1-2-56　防火门开向室内

图 1-2-57　疏散门上锁

（10）检查疏散指示标志灯。

1）疏散指示标识灯具上的主电指示灯应常亮，故障指示灯、报警指示灯应熄

灭（见图 1–2–58 和图 1–2–59）。

图 1–2–58 疏散指示标识灯主电、充电灯亮，说明其处于充电状态

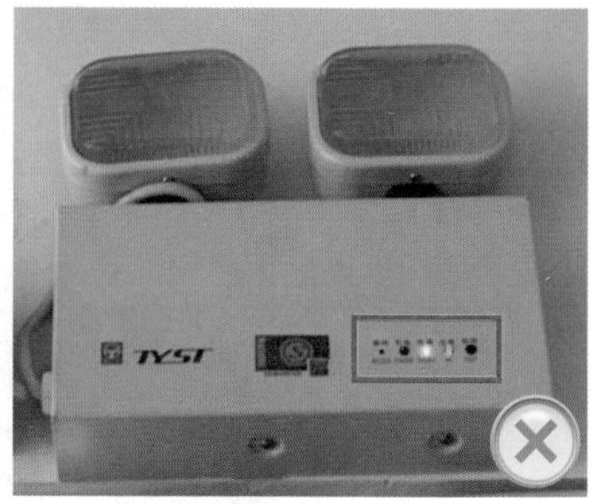

图 1–2–59 应急照明灯故障指示灯亮，需进行检修

2）疏散指示标识灯的指示方向应与疏散路线一致（见图 1–2–60）。

图 1–2–60 标识灯指示方向与实际疏散方向不符

3）在建筑物安全出口的正上方，应悬挂“安全出口”标识灯具（见图 1-2-61 和图 1-2-62）。

图 1-2-61　安全出口标识灯规范设置

图 1-2-62　楼梯间通往屋面的出口上方未设置标识灯具

4）查看《建筑工程设计审核意见书》，落款时间晚于 2006 年 12 月 1 日的公共建筑，应设置可点亮的灯光型疏散指示标识，不应采用蓄光型塑料板。若落款时间早于该日期，可使用蓄光型疏散指示标识，但应保持标识灯完好，并应结合室内装修逐步将其更换为灯光型疏散指示标识（见图 1-2-63 和图 1-2-64）。

图 1-2-63　灯光型疏散指示标识（可点亮）

图 1-2-64　蓄光型疏散指示标识（不可点亮）

1.2.4　建筑内部装修

随着建筑业的发展，建筑装修趋向复杂化、多样化、功能化，材料的做法及构造也与日俱增。为了避免严重的火灾事故，建筑装修设计中应正确处理装修效果和使用安全的矛盾。建筑内部装修选材的基本原则是：积极选用不燃材料和难燃材料，限制使用可燃、易燃材料，避免采用在燃烧时产生大量浓烟或有毒气体

的材料。

本小节内容主要参考 GB 50222—2017《建筑内部装修设计防火规范》中的第4章和第5章。

在对建筑物内部装修情况进行检查时，应着重关注以下几个方面：

（1）地上建筑走道的顶棚应采用不燃材料装修，墙面和地面应采用难燃或不燃材料装修；地下建筑走道的顶棚、墙面、地板都应采用不燃材料装修（见图 1–2–65）。

图 1–2–65　地上建筑的走道采用普通可燃地毯装修

（2）楼梯间和前室的顶棚、墙面、地面均应采用不燃材料装修（见图 1–2–66）。

图 1–2– 66　楼梯间内铺设了普通地毯

（3）常见场所的装修材料的要求。

1）中庭和敞开楼梯的顶面与墙面应采用不燃材料装修，地面应采用难燃或不燃材料装修。

2）建筑内厨房的顶棚、墙面、地面均应采用不燃材料装修。

3）消防水泵房、消防风机房、固定灭火系统钢瓶间、配电室、变压器室、发电机房、储油间、通风和空调机房等，其内部所有装修材料均应采用不燃材料。

（4）建筑内部消火栓箱门上应有明显的“消火栓”字样。消火栓箱门不应被装饰物遮掩，四周的装修材料颜色应与箱门颜色有明显区别，或在消火栓箱门表面设置发光标志（见图 1–2–67 和图 1–2–68）。

图 1–2–67　消火栓箱装修规范，箱前张贴警示标志，防止杂物遮挡

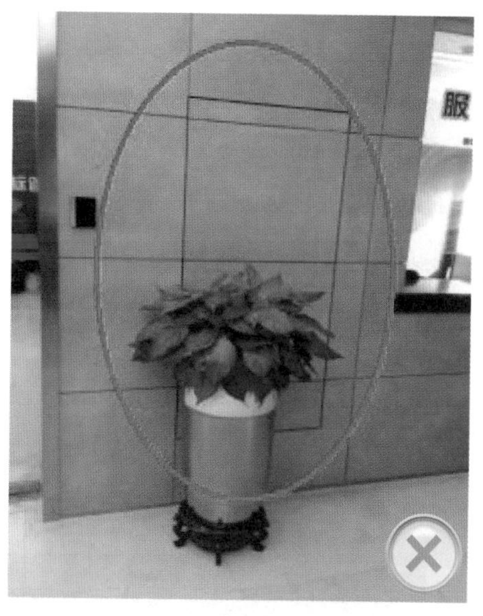

图 1–2–68　消火栓箱门的装修不利于识别，且被盆栽遮挡，取用不便

（5）机械送风口、排烟口处的百叶应采用不燃材料装修，其面积不应小于排烟口的面积（见图 1–2–69 和图 1–2–70）。

（6）建筑内部装修不应擅自减少、改动、拆除、遮挡消防设施、疏散指示标志、安全出口、疏散出口、疏散走道和防火分区、防烟分区等。

图 1-2-69 排烟口百叶采用金属材料制作，符合要求

图 1-2-70 排烟口采用木质百叶做装饰

1.2.5 电气防火

电气火灾是日常生活、生产中最常见的一类火灾。由于电气线路、用电设备老化、故障或使用不当，在使用过程中出现高温、电弧、打火花等现象，在具备燃烧条件下引燃本体或其他可燃物。因此，应在设计中合理布置电器的安装位置，选择合适规格、型号的电器，使之远离可燃物或与可燃物隔离，防止发生过载或接触不良等现象。此外，还应定期对电气线路进行检查，发现安全隐患及时消除。

本小节内容主要参考 GB 51348—2019《民用建筑电气设计标准》中的相关标准。

在对建筑物进行电气防火检查时，应着重关注以下几个方面：

（1）应避免将多个插排串联使用，尤其是在有较大功率负载时，严禁采用排插串联的方式引电（见图 1-2-71）。

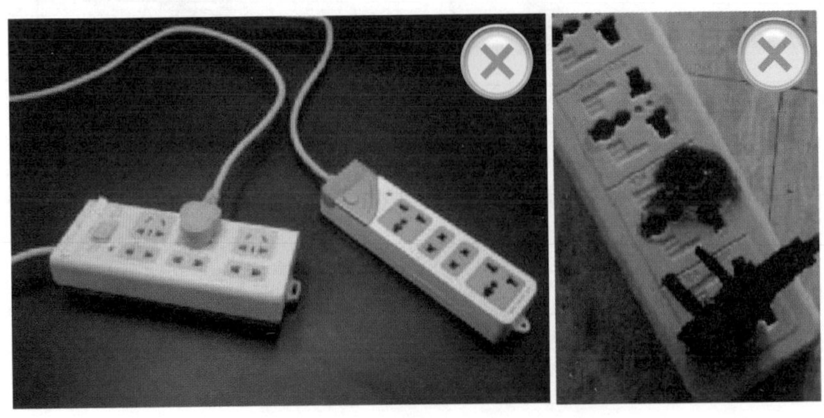

图 1-2-71 多个插排串联使用

（2）电器产品的安装位置应符合要求，电气线路的敷设应设套管保护，不应有私拉乱接现象（见图 1-2-72）。

图 1-2-72　顶棚下随意牵拉电线，线路未穿管保护，灯管下方堆放可燃物

（3）配电箱的箱门与壳体应设置跨接线，防止漏电（见图 1-2-73 和图 1-2-74）。

图 1-2-73　配电箱箱门设置了跨接线

图 1-2-74　配电箱箱门未跨接，存在漏电风险

（4）线路进出配电箱处应使用防火泥等材料封堵严密（见图 1-2-75 和图 1-2-76）。

图 1–2–75　配电箱进出线处采用防火泥封堵严密

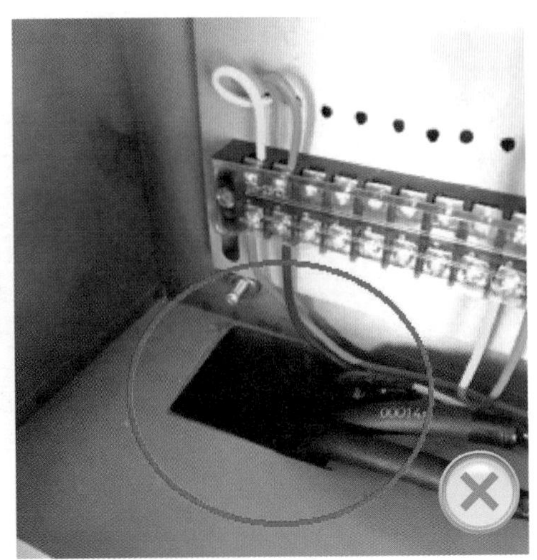
图 1–2–76　配电箱进出线处未进行防火封堵

（5）电缆桥架应使用盖板封好，桥架穿墙处的孔洞应采用防火材料进行封堵（见图 1–2–77 和图 1–2–78）。

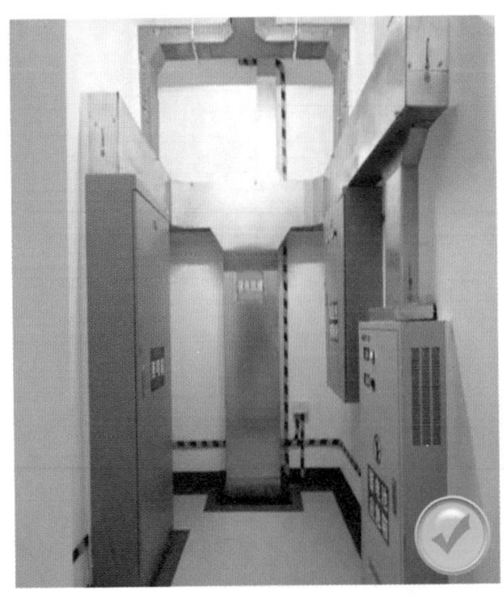
图 1–2–77　桥架安装规范，穿墙和楼板处封堵严密

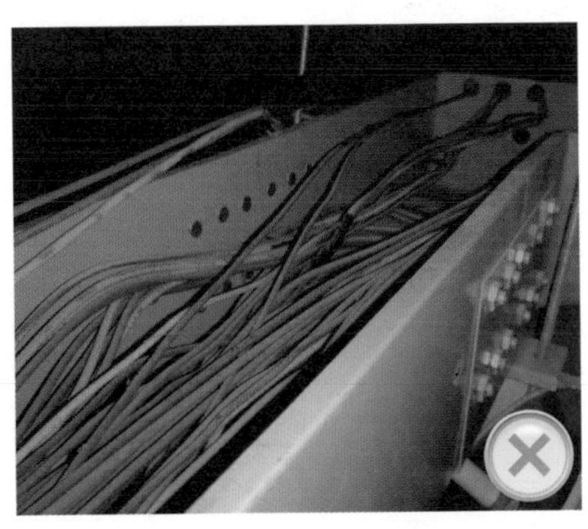
图 1–2–78　吊顶内设置的桥架未加盖盖板，内部电气线路裸露

（6）电缆桥架之间应采用跨接线进行等电位连接，以实现漏电保护（见图1－2－79和图 1－2－80）。

图 1－2－79　桥架连接处规范跨接

图 1－2－80　桥架连接处未设置跨接线

（7）电气线路敷设应采用套管保护，线路接头应采用压接、焊接、搪锡连接，或设置接线盒（见图 1－2－81 和图 1－2－82）。

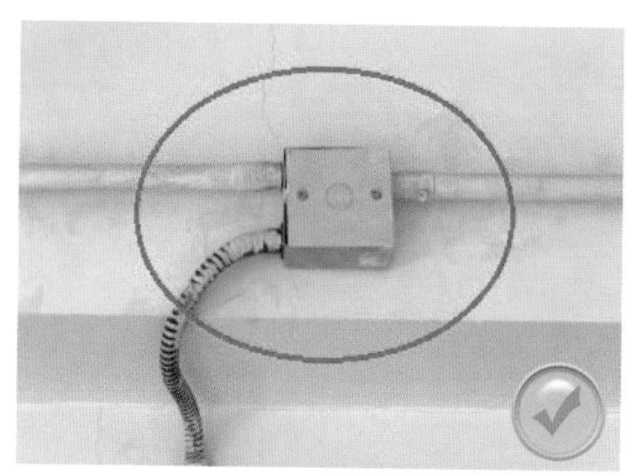

图 1－2－81　电气线路穿管保护，接头处设置了接线盒

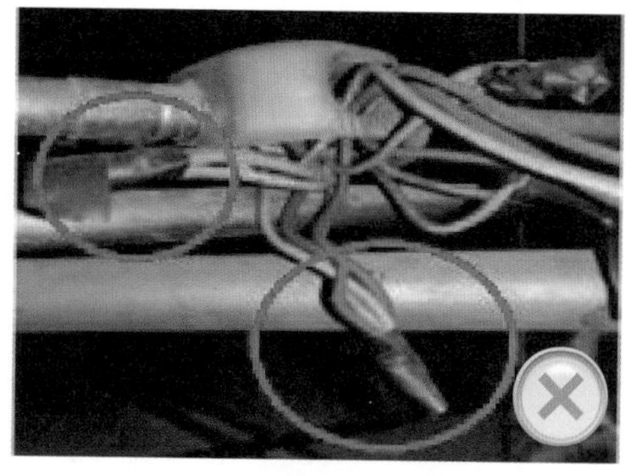

图 1－2－82　裸露电线未穿管保护，采用绝缘胶带缠接

（8）配电箱、控制面板、接线盒、开关、插座等不应直接安装在可燃的装修材料上，当其靠近可燃物时，应采取隔热、散热等防火措施。

（9）大于 60W 的白炽灯、卤钨灯、荧光高压汞灯、高压钠灯、金属卤灯等高温灯具的引入线，应采用瓷管、石棉、玻璃丝等不燃烧材料进行隔热保护。

（10）消防用电设备应有专用的供电回路，以保证在火灾发生后、日常供电电源被切断时，各类消防用电设备仍可正常运行。消防电源应采用双回路供电，回路中不应接入非消防用电设备（见图 1－2－83 和图 1－2－84）。

图 1-2-83　消防电源采用专用配电箱、双回路供电

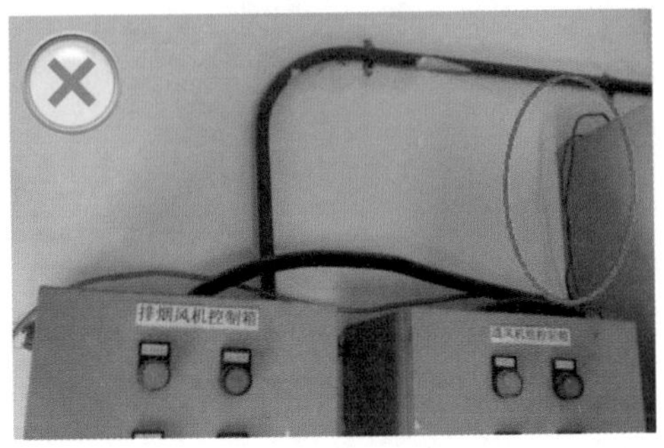

图 1-2-84　在排烟风机控制柜上私拉电线，将消防供电作其他用途

1.2.6　消防电梯

消防电梯是建筑物发生火灾时供消防人员进行灭火与救援使用的，具有较高的设计要求。对于非生产场所来说，需要设置消防电梯的情况有：高度大于 32m 的公共建筑；网局级和省级电力调度建筑；建筑高度大于 24m 以上部分任一楼层建筑面积大于 1000m^2 的商店、展览、电信、邮政、财贸金融建筑和其他多种功能组合的建筑；设置消防电梯的建筑的地下或半地下室，或埋深大于 10m 且总建筑面积大于 3000m^2 的其他地下或半地下室。

本小节主要参考 GB 50016—2014《建筑设计防火规范（2018 年版）》中的第 7.3 节。

对消防电梯进行检查时，应重点查看以下几方面：

（1）查看消防电梯本体，应符合下列规定：

1）应能每层停靠。

2）电梯的载重量不应小于 800kg。

3）电梯从首层至顶层的运行时间不宜大于 60s。

4）电梯的动力与控制电缆、电线、控制面板应采取防水措施。

5）在首层的消防电梯入口处应设置供消防队员专用的操作按钮。

6）电梯轿厢的内部装修应采用不燃材料。

7）电梯轿厢内部应设置专用消防对讲电话。

（2）查看消防电梯前室，应符合下列规定（见图 1–2–85）：

1）宜靠外墙设置，并应在首层直通室外或经过长度不大于 30m 的通道通向室外。

2）除前室的出入口、前室内设置的正压送风口和住宅户门外，前室内不应开设其他门、窗、洞口。

3）前室或合用前室的门应采用乙级防火门，不应设置卷帘。若该建筑设计备案时间早于 2015 年 5 月 1 日（设计备案时间以《建筑工程图审合格意见书》为准），且消防电梯前室不与其他电梯、楼梯共用，仅供消防电梯使用，则该前室的门可采用具有停滞功能的防火卷帘代替乙级防火门。

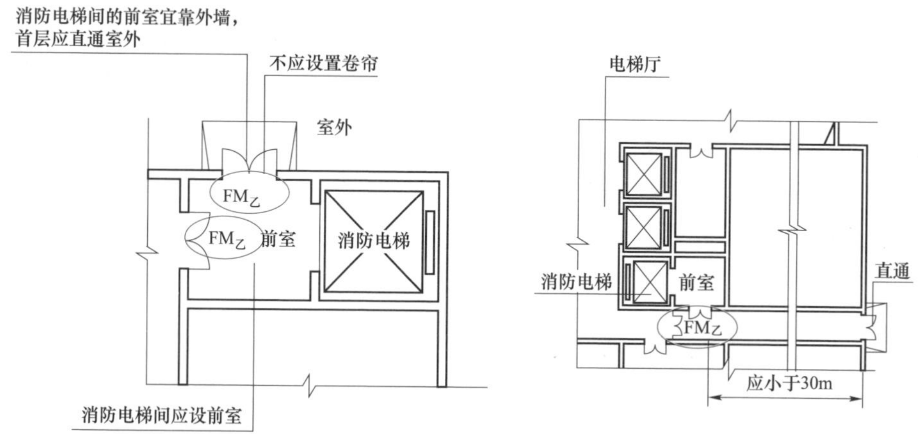

图 1–2–85　消防电梯前室平面示意图

1.3 消　防　设　施

建筑消防设施是保证建筑物消防安全和人员疏散安全的重要设施，在建筑火灾的扑救过程中发挥着巨大的作用。消防设施包括消防给水系统、消火栓系统、自动喷水灭火系统、火灾自动报警系统、防排烟系统、气体灭火系统、灭火器、应急照明和疏散指示系统等。多次调研表明，各类消防设施在产品质量、安装质量及维修管理等方面往往存在较多缺陷和隐患。因此，加大监督检查管理的力度、

提高消防设施的完好率和有效性显得尤为重要。

1.3.1 消防给水系统

消防给水系统由消防水源、消防给水设施、消防给水管网等设备组成。临时高压给水系统是最为常见的一种给水系统。平时和火灾发生初期，该系统通过高位消防水箱、稳压泵、稳压罐等设施维持给水管网的压力；火灾发生后，消防泵启动，将消防水池中的水源通过给水管网输送给消火栓、洒水喷头等灭火设施进行灭火。有些消防给水系统还设有水泵接合器，供消防车向建筑内部补给水源。

本小节主要参考 GB 50974—2014《消防给水及消火栓系统技术规范》中的第 4 章、第 5 章。

1. 消防水源

（1）通过就地液位显示装置（通常设置在水池、水箱附近的玻璃柱）或检修口查看消防水池、高位水箱水位，水位应维持在较高状态。当水位不足时，浮球阀应能自动补水（见图 1–3–1 和图 1–3–2）。

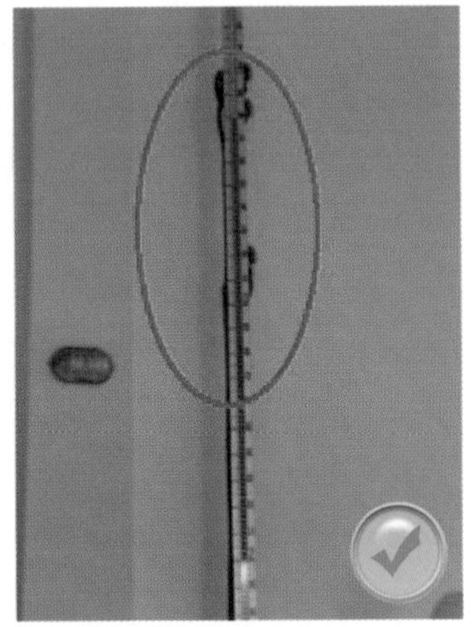

图 1–3–1 消防水池就地液位显示装置

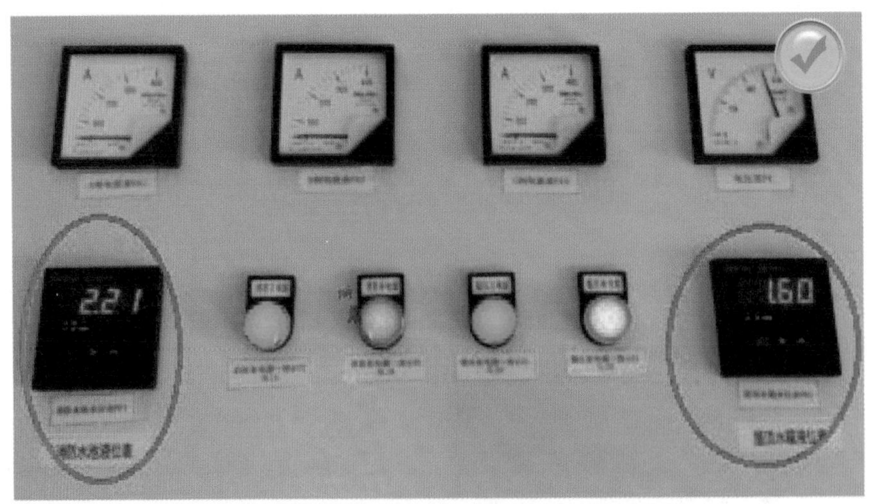

图 1–3–2 消防水池、水箱远程液位显示装置

（2）消防水池、消防水箱应设有通气孔或通气管，使液面上部空间与大气连通。消防水池可通过检修口与大气连通（见图 1–3–3）。

图 1–3–3　消防水池采用检修口与大气联通，并设置防止小动物进入的网罩

2. 消防水泵、稳压泵

（1）消防水泵外观状态良好，无渗漏、锈蚀现象。

（2）消防水泵、稳压泵应为合格消防产品，其铭牌上产品型号应以 XB 开头（见图 1–3–4 和图 1–3–5）。

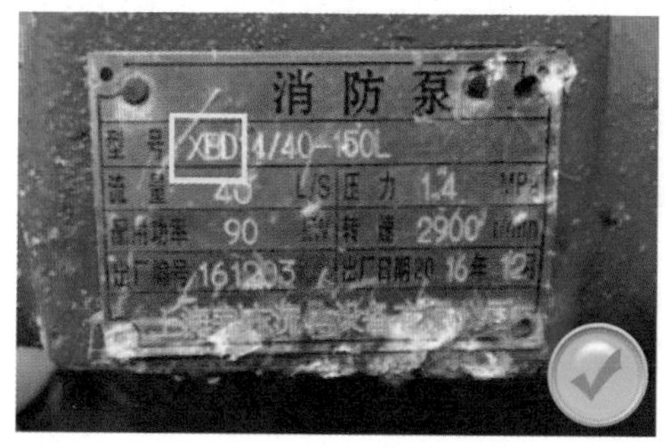

图 1–3–4　泵体型号以 XB 开头的消防产品

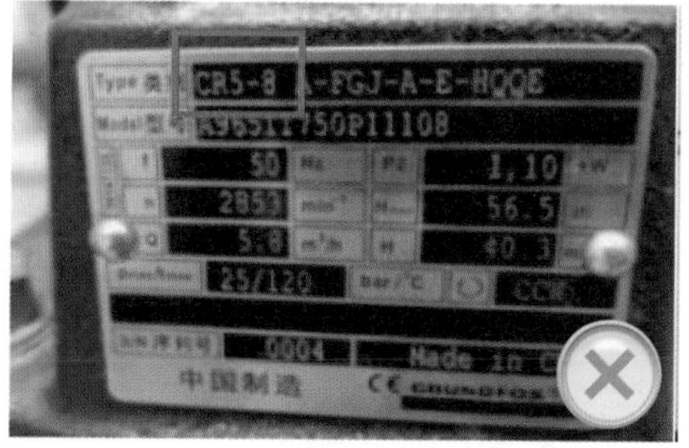

图 1–3–5　泵体型号非 XB 型的不能作为消防泵使用

（3）一组消防水泵的吸水管不应少于两条。

（4）对于卧式消防泵，其泵壳顶部的放气孔应处于消防水池最低水位以下，确保消防水泵自灌式吸水（见图 1–3–6）。

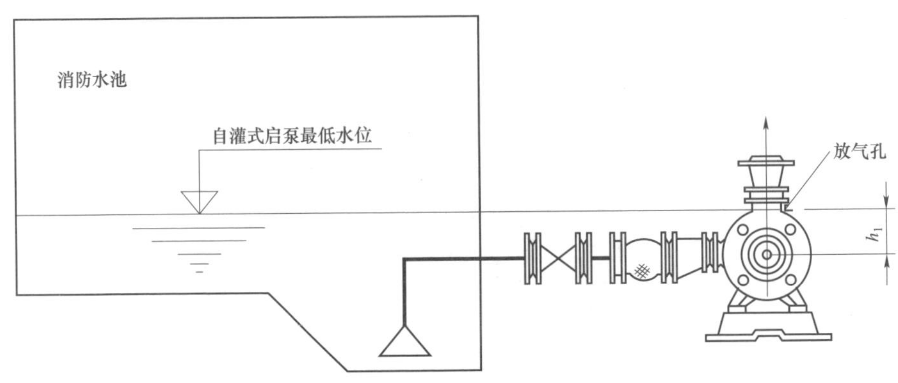

图 1–3–6　消防水泵自灌式吸水示意图

（5）消防水泵吸水管变径连接时应采用偏心异径、管顶平接方式（见图 1–3–7 和图 1–3–8）。

图 1–3–7　消防水泵采用偏心异径方式变径，管顶平接

图 1–3–8　消防水泵进水采用同心异径方式变径

（6）消防水泵吸水管、出水管应采用明杆闸阀控制，当采用暗杆闸阀时，阀门应有明显的开启刻度和标志，并将通过铅封、锁链等设施锁定在常开位置（见图 1–3–9 和图 1–3–10）。

图 1－3－9　明杆闸阀处于开启状态，悬挂有“常开”指示牌

图 1－3－10　暗杆闸阀

（7）消防水泵吸水管和出水管上应有压力表（见图 1－3－11）。

图 1－3－11　消防水泵吸水管、出水管上分别设置压力表

（8）消防水泵应设置备用泵。当其中一台泵启动时，模拟该泵断电或故障，另一台泵应能自动启动。

（9）消防水泵控制柜应设有主备电源自动切换装置，该装置应处于自动状态，模拟主电故障，备用电源应自动供电（见图 1－3－12）。

图 1-3-12　双电源自动切换装置

（10）消防水泵、稳压泵控制柜处应于自动状态，不应处于手动状态（见图 1-3-13）。

图 1-3-13　水泵控制柜处于手动状态

（11）消防水泵控制柜处于自动状态时，消防水泵应能通过消防控制室中的消防主机远程启动、停止；消防水泵控制柜处于手动状态时，按下启动、停止按钮，水泵应能够正常启停（见图 1-3-14 和图 1-3-15）。

图 1-3-14　消防水泵控制柜上的启动、停止按钮

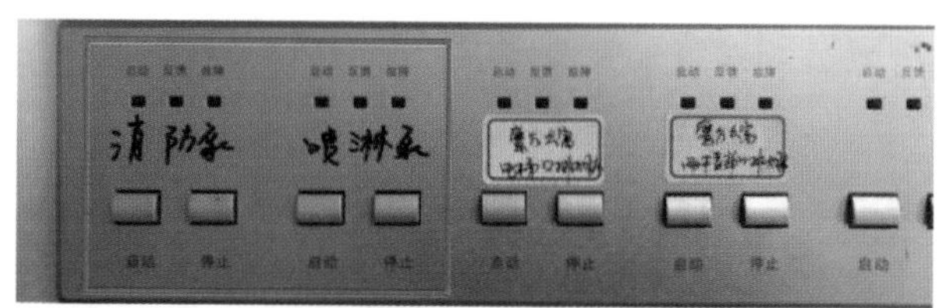

图 1-3-15　消防主机上的启动、停止按键

（12）通过水泵房内的管网放水阀门放水，或通过各楼层末端试水阀放水，喷淋泵均应启动。

（13）消防水泵启动后，消防控制室主机上应显示反馈信号，主机多线盘上水泵反馈灯亮。

3. 水泵接合器

（1）水泵接合器不应被遮挡，外观状态应良好，应无渗漏、无锈蚀现象（见图 1-3-16 和图 1-3-17）。

图 1-3-16　水泵接合器无标识牌，且被路灯杆、植被遮挡

图 1-3-17　水泵接合器接口锈蚀，有漏水现象

（2）水泵接合器处应设置永久性标识牌，并应标明供水系统、供水范围和额定压力（见图 1–3–18 和图 1–3–19）。

图 1–3–18　水泵接合器标注了供水系统与范围，额定压力在本体上铸出

图 1–3–19　消火栓系统水泵接合器标识牌一例

（3）水泵接合器与消防通道之间不应设有妨碍消防车加压供水的障碍物（见图 1–3–20）。

图 1–3–20　消火栓水泵接合器前方规划为停车区域，紧急情况下影响使用

1.3.2　消火栓系统

消火栓系统分为室外消火栓系统和室内消火栓系统。室外消火栓系统是设置在建筑外面的供水设施，主要供消防车取水灭火，也可以直接连接水带、水枪出水灭火。室内消火栓安装在建筑内部，可以直接向火场供水灭火，通常安装在消火栓箱内，与消防水带和水枪等器材配套使用。

本小节主要参考 GB 50974—2014《消防给水及消火栓系统技术规范》中的第 7 章。

1. 室内消火栓

（1）室内消火栓外观状态良好，无渗漏、无锈蚀现象（见图 1–3–21）。

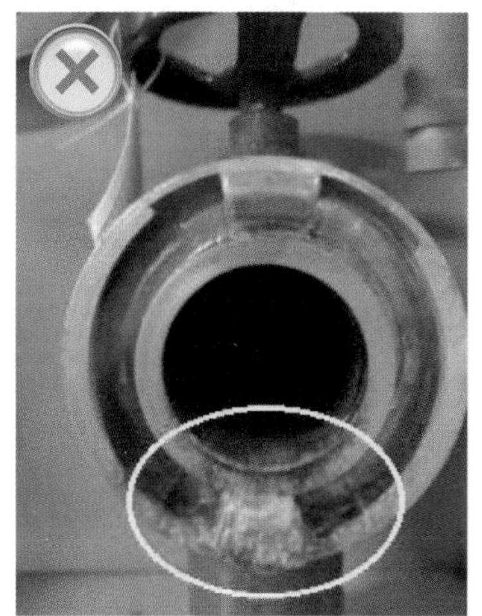

图 1–3–21　室内消火栓开启后不能关闭严密，出现漏水现象

（2）室内消火栓箱门应有“消火栓”字样的明显标识，箱门开启角度不小于 120°，附近应有消火栓操作规程。箱内水枪、水带等组件应齐全，定期进行巡查检查并做好记录（见图 1–3–22 和图 1–3–23）。

图 1–3–22　消火栓箱标识明显组件齐全，箱门开启角度不小于 120°

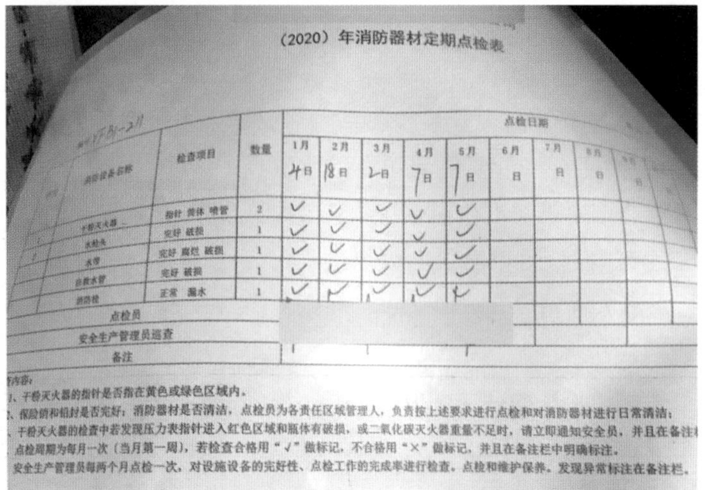

（2020）年消防器材定期点检表

消防设备名称	检查项目	数量	1月4日	2月18日	3月2日	4月7日	5月7日	6月 日	7月 日
干粉灭火器	指针 筒体 喷管	2	✓	✓	✓	✓	✓		
水枪头	完好 破损	1	✓	✓	✓	✓	✓		
水带	完好 腐烂 破损	1	✓	✓	✓	✓	✓		
自救水管	完好 破损	1	✓	✓	✓	✓	✓		
消防栓	正常 漏水	1	✓	✓	✓	✓	✓		
点检员									
安全生产管理员巡查									
备注									

查内容：

1、干粉灭火器的指针是否指在黄色或绿色区域内。

、保险销和铅封是否完好；消防器材是否清洁，点检员为各责任区域管理人，负责按上述要求进行点检和对消防器材进行日常清洁；

、干粉灭火器的检查中若发现压力表指针进入红色区域和瓶体有破损，或二氧化碳灭火器重量不足时，请立即通知安全员，并且在备注

点检周期为每月一次（当月第一周），若检查合格用“√”做标记，不合格用“×”做标记，并且在备注栏中明确标注。

安全生产管理员每两个月点检一次，对设施设备的完好性、点检工作的完成率进行检查。点检和维护保养。发现异常标注在备注栏。

图 1-3-23　消火栓箱内存放有检查记录表

（3）消火栓按钮启动灯或报警灯处于闪亮状态。

（4）查看该建筑《建筑工程消防设计审核意见书》：若该文件落款时间早于 2014 年 5 月 1 日，按下消火栓按钮后，启动灯应常亮，火灾报警控制器和水泵控制柜处于自动状态时，水泵应能够直接启动。水泵启动后消火栓按钮上回答灯应常亮，消防控制室主机上应有启泵反馈信号；若该文件落款时间晚于 2014 年 5 月 1 日，按下消火栓按钮后，启动灯应常亮，消防主机应能显示来自该消火栓按钮的报警信息，但不应直接启动消防水泵（见图 1-3-24）。

（5）屋顶试验消火栓应配备压力表，定期进行巡检（见图 1-3-25）。

图 1-3-24　消火栓按钮启动灯应处于闪亮状态，启泵后回答灯应处于常亮状态

图 1-3-25　屋顶试验消火栓未安装压力表，未定期巡检

（6）选取最不利点消火栓（可理解为位于建筑最高层、距离水箱最远处的消火栓），通过试压枪头测试其栓口静压力，应符合规范要求。对于绝大多数非生产场所，最不利点的消火栓静压力应满足表 1–3–1 相应要求。

表 1–3–1 最不利点消火栓栓口静压力对照表

建筑情况		最不利点消火栓栓口静压力（MPa）
安装有稳压设施的建筑		≥0.15
未安装稳压设施的建筑	高度大于 50m 的建筑	≥0.1
	网局级和省级电力调度建筑	
	建筑高度 24m 以上部分任一楼层建筑面积大于 $1000m^2$ 的商店、展览、电信、邮政、财贸金融建筑和其他多种功能组合的建筑	
	其他情况	≥0.07

注 若不具备试压枪头，检查时可以查看屋顶试验消火栓压力表，若压力表读数可靠且压力值满足要求，通常无需再对最高层消火栓静压进行人工测量。

（7）通过试压枪头测试建筑最底层室内消火栓栓口静压力，不应大于 1.0MPa，否则应采用减压阀、减压孔板等方式进行减压（见图 1–3–26 和图 1–3–27）。

图 1–3–26 消火栓栓口静压力达 1.2MPa，存在爆管风险

图 1–3–27 消火栓栓口设置减压孔板进行减压

2. 室外消火栓

（1）室外消火栓外观状态良好，有明显标识，无渗漏、无锈蚀，无影响取用的障碍物，不被埋压、遮挡（见图 1–3–28）。

图 1–3–28　室外消火栓被埋压

（2）室外消火栓管网进水口的数量应与设计相符。由市政给水管网直接供水的室外消火栓系统，当其设计流量大于 20L/s 时，应有不少于两条引入管、两个进水口向消防给水系统供水（见图 1–3–29）。

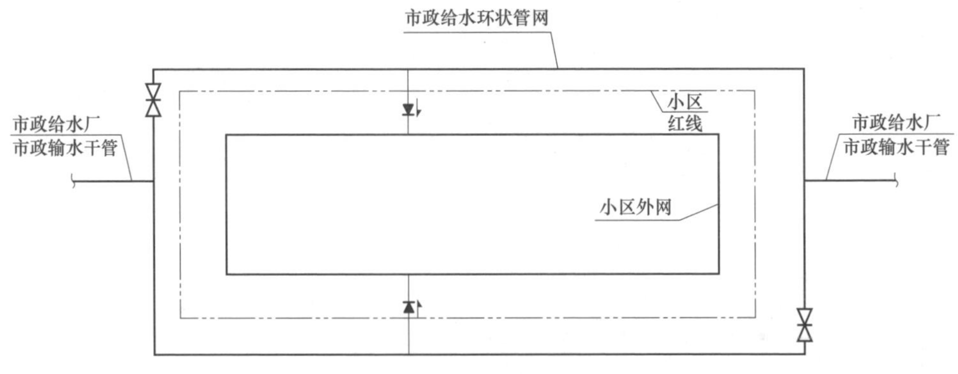

图 1–3–29　市政给水管网给消防给水系统供水示意图

（3）室外消火栓前的阀门井应处于开启状态，特别是附近区域进行施工后，要及时对其进行检查，确保室外消火栓能够正常出水（见图 1–3–30）。

（4）通过试压枪头测试室外消火栓出水压力，应大于 0.1MPa（见图 1–3–31）。

图 1-3-30　阀门井中的阀门处于关闭状态，室外消火栓无法正常出水

图 1-3-31　室外消火栓出水压力应大于 0.1MPa

1.3.3　自动喷水灭火系统

自动喷水灭火系统是当今世界上公认的最为有效的灭火设施之一。建筑火灾初期是比较容易扑救的，如果没有及时扑救则容易蔓延成灾。自动喷水灭火系统正是为抑制初期火灾而设计的。火灾发生时，洒水喷头上的玻璃球受热破裂，管网中的水在压力作用下从喷头内喷出灭火。国内外应用实践证明，自动喷水灭火

系统具有安全可靠、经济实用、灭火成功率高等优点，是应用最广泛、用量最大的自动灭火系统。

本小节主要参考 GB 50084—2017《自动喷水灭火系统设计规范》中的第 4 章和 GB 50261—2017《自动喷水灭火系统施工及验收规范》中的第 5 章相关内容。

1. 喷头

（1）喷头外观状态应保持良好，溅水盘、玻璃球、隐蔽式喷头内等无渗漏、无附着物、无悬挂物（见图 1－3－32）。严禁给喷头附加任何装饰涂层（见图 1－3－33）。

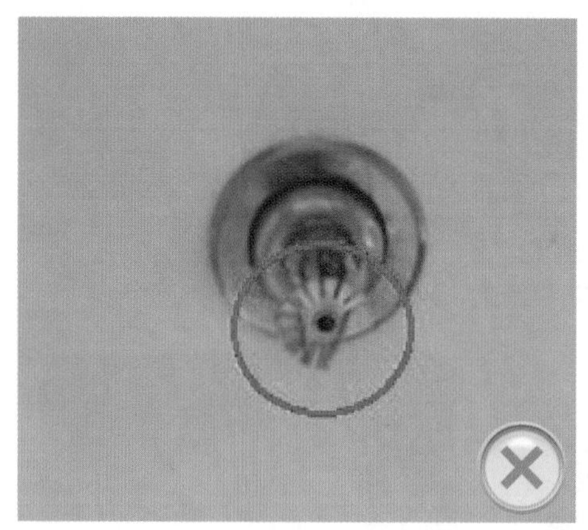

图 1－3－32　喷头溅水盘被撞击变形、脱落，影响布水效果

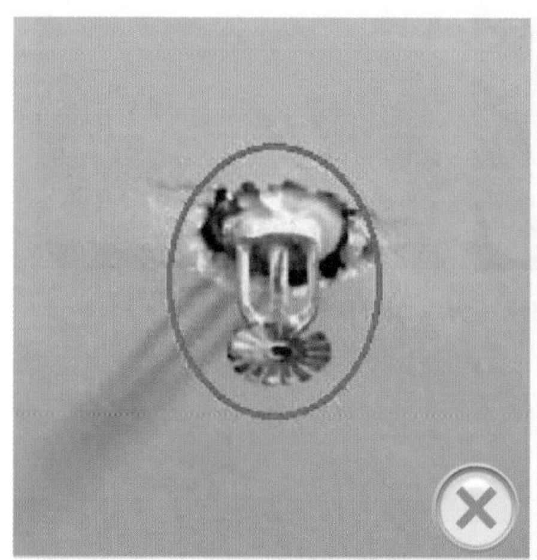
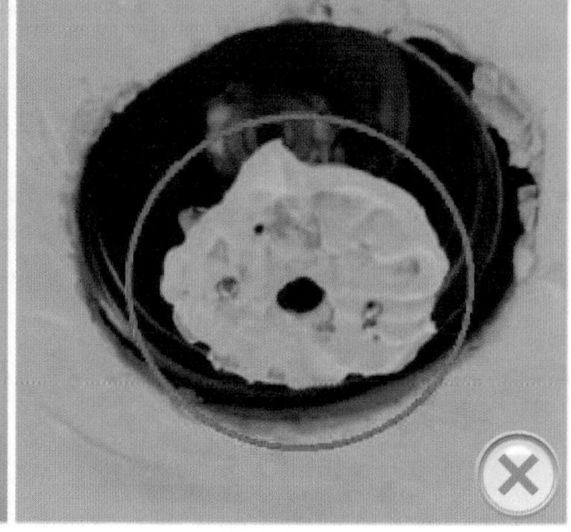

图 1－3－33　喷头玻璃球、溅水盘被涂覆，影响受热和布水

（2）喷头不应被障碍物遮挡。

（3）隐蔽式喷头盖板有“不可涂覆”字样（见图 1－3－34），盖板不应被涂覆（见图 1－3－35）。

图 1－3－34　隐蔽式喷头盖板上标注有“不可涂覆”字样

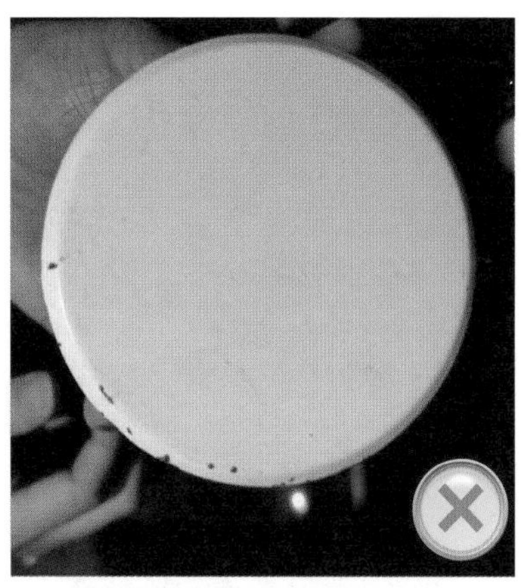

图 1－3－35　盖板无“不可涂覆”字样的为不合格产品

（4）隐蔽式喷头的盖板应采用易熔金属焊接，不应采用胶、漆类物品固定或涂覆，否则在火灾发生时盖板无法脱落，喷头无法灭火（见图 1－3－36）。

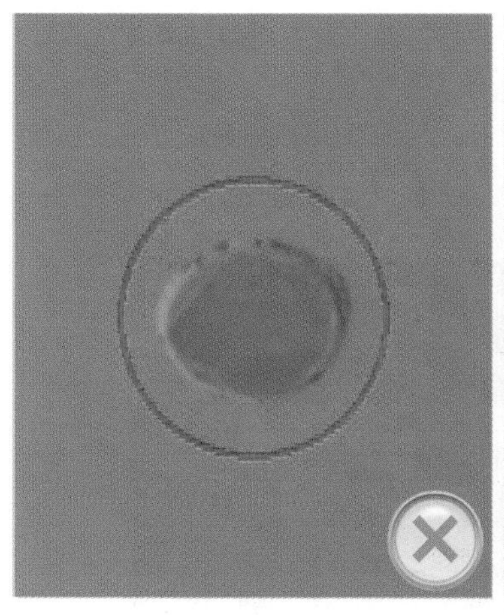

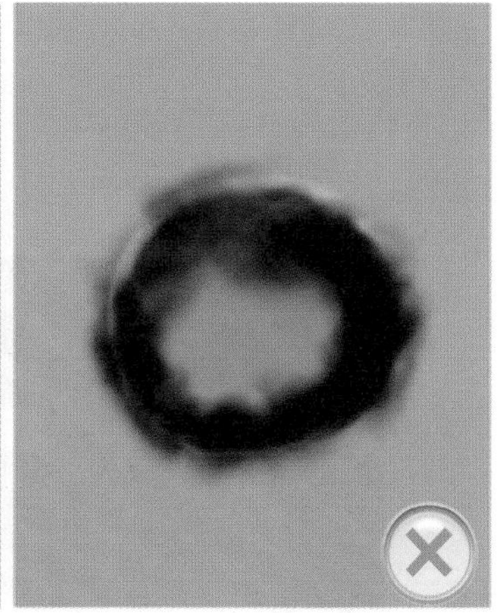

图 1－3－36　被涂料覆盖的盖板在受火后无法脱落

（5）隐蔽式喷头盖板拧下后，喷头的溅水盘应能够下垂到吊顶平面的下方（见图 1－3－37）。若无法到达吊顶以下位置，将导致火情发生后喷头的热敏元件无法直接接受热量，且布水受到吊顶阻挡，导致保护范围缩小（见图 1－3－38）。

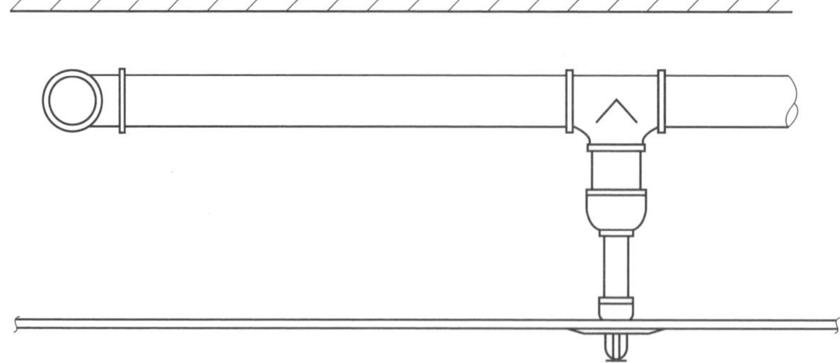

图 1-3-37　吊顶下喷头安装示意图

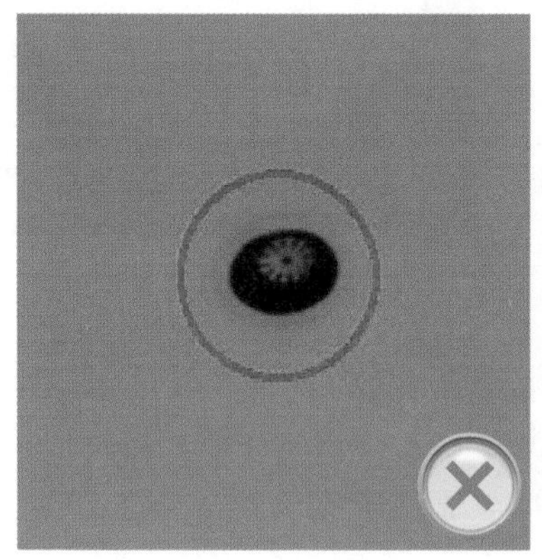

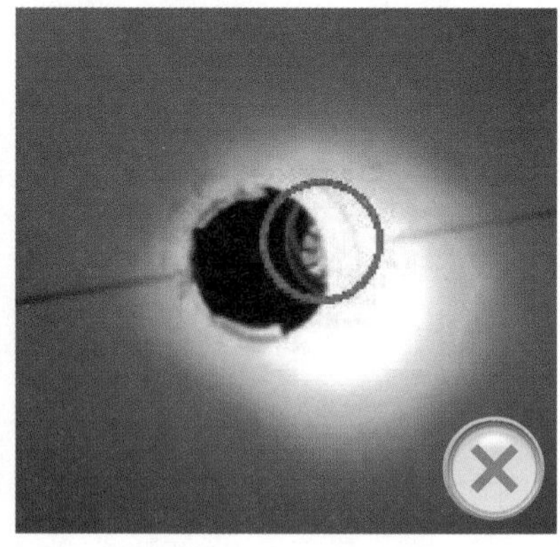

图 1-3-38　隐蔽式喷头盖板取下后，溅水盘无法伸到吊顶以下

（6）采用格栅吊顶时，当通透面积与总面积之比不大于 70%时，喷头应设置在格栅下方；当该比值大于 70%时，喷头应设置在格栅上方（见图 1-3-39）。

图 1-3-39　吊顶通透面积大于 70%，喷头和感烟探测器不应布置在吊顶下方

（7）当梁、通风管道、排烟管、桥架等宽度大于 1.2m 时，应在其下方增设喷头。

（8）顶板或吊顶为斜面时，喷头应垂直于斜面安装。

（9）喷头挡水板只允许在以下 3 种情况中安装（见图 1–3–40）：

1）设置在货架内的喷头，其上方如有孔洞、缝隙，应设挡水板。

2）宽度大于 1.2m 的梁、管道、桥架等，其下方应增设喷头，增设喷头的上方如有缝隙，应设挡水板（见图 1 –3–40）。

3）设置在机械式汽车库中的喷头，应设挡水板。

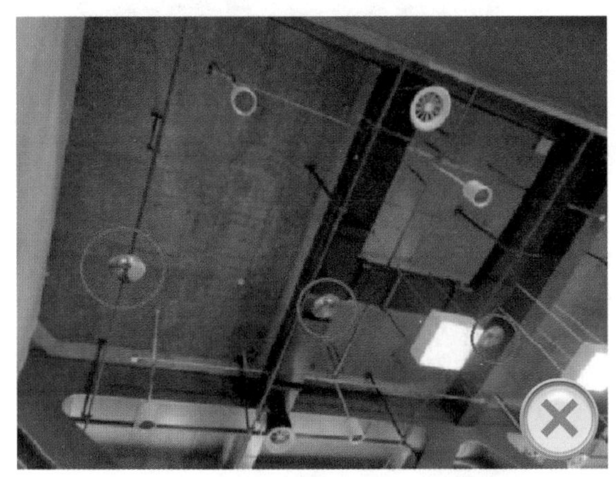

图 1–3–40　某羽毛球馆内的喷头错误加装了挡水板，应拆除

图 1–3–41　成组布置的管道宽度超过 1.2m，加装喷头上方有空隙，故应设置挡水板

（10）备用喷头数量不应低于 10 个。

2. 报警阀组

（1）报警阀组外观状态应保持良好，无渗漏、无锈蚀现象。

（2）报警阀组所在区域应有排水管或排水沟等排水设施，以防试验阀门开启后出现漫水现象。

（3）查看湿式报警阀上下两个压力表，上方压力表读数应大于或等于下方压力表读数，压差应小于 0.01MPa（见图 1–3–42）。

（4）报警阀组前后的信号蝶阀和报警管路上的控制阀应保持常开，放水阀应保持常闭，并应在各阀门上悬挂“常开”“常闭”等明显标识牌（见图 1–3–43）。

图 1-3-42　湿式报警阀上下压力表读数相差应小于 0.01MPa

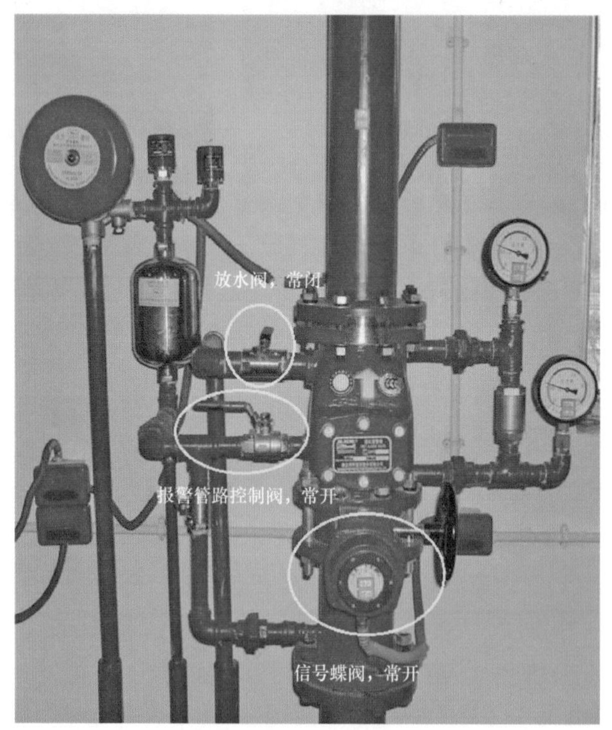

图 1-3-43　湿式报警阀阀门处未悬挂“常开”“常闭”标识牌

（5）信号蝶阀线路应连接正常，阀门应处于常开状态（见图 1-3-44）。检查时，转动信号蝶阀手轮使其指向“OFF”刻度，与其相连的模块反馈灯应亮起，消防主机上应出现信号蝶阀被关闭的反馈信息（见图 1–3–45）。

图 1–3–44　信号蝶阀及其模块

（6）报警阀组各操动机构应动作灵活，无卡涩现象，各组件应灵敏可靠。检查时打开放水阀，水力警铃应在 90s 内报警，距警铃 3m 处的声强不应小于 70dB，与报警管路相连的模块反馈灯应亮起，消防主机上应能显示报警阀压力开关的反馈动作信号。此时，若喷淋泵控制柜处于自动状态，喷淋泵应自动启动。测试完毕后，手动停止喷淋泵，关闭放水阀，并对消防主机进行复位。

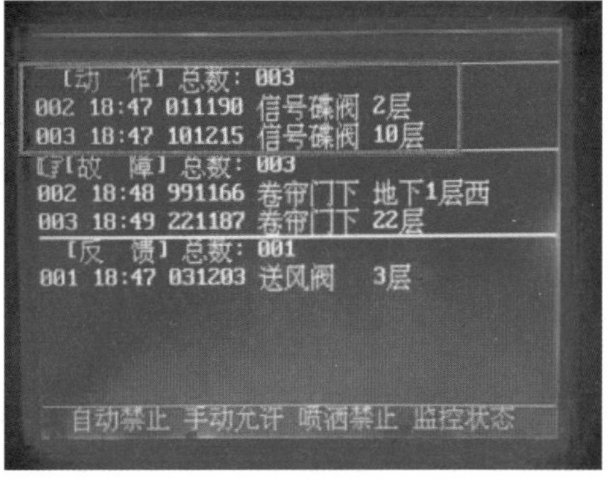

图 1–3–45　消防主机上信号蝶阀被关闭的反馈信息

（7）报警阀后的管路上不应安装其他用水设施。

（8）报警阀组应有书面形式的操作规程。

3. 末端试水装置

（1）末端试水装置组件应齐全。“设计审核意见书”落款日期在 2018 年 1 月 1 日后的建筑或部位，其末端试水装置和试水阀的安装位置应便于检查、试验，不应放置在吊顶内（见图 1–3–46）。

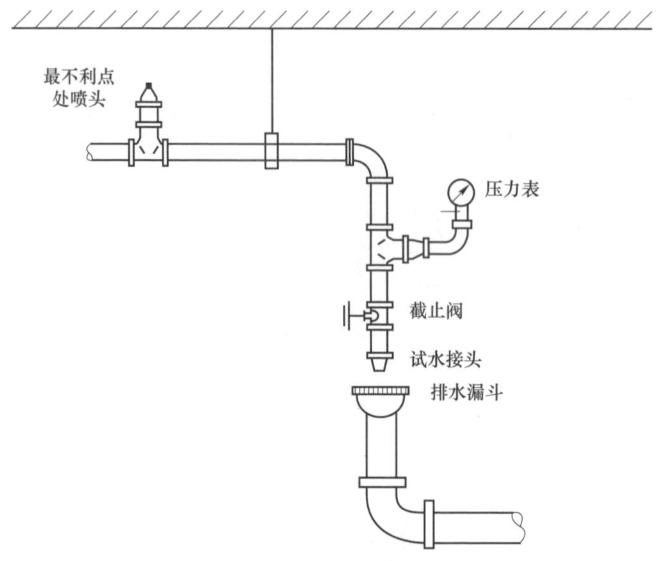

图 1–3–46　末端试水装置

（2）末端试水装置压力表读数应准确，开启末端试水装置后，出水压力不应低于 0.05MPa。

（3）末端试水装置应采用孔口出流方式排水，即通过排水口应与大气连通，通过漏斗形组件等装置接水，不能将出水口与排水管道直接连接（见图 1–3–47 和图 1–3–48）。

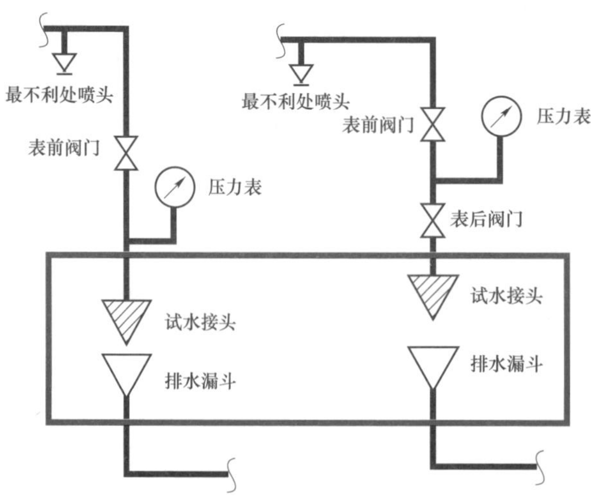

图 1–3–47　孔口出流示意图

（4）开启末端试水装置处的阀门，管道中应有水流出。稍待片刻，位于湿式报警阀附近的水力警铃能正常鸣响，湿式报警阀组的压力开关应动作，喷淋泵应启动，消防主机能显示压力开关、水流指示器、喷淋泵的反馈信号。

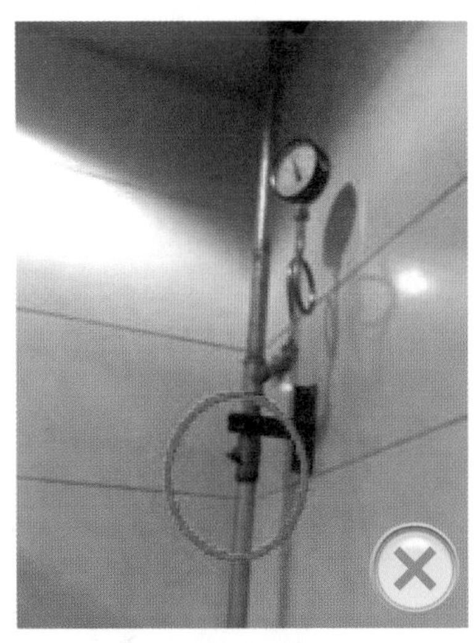

图 1–3–48　不应将末端试水装置的出水口与排水管道直接连接

1.3.4　火灾自动报警系统

火灾自动报警系统能够在火灾初期及时探测到灾情，并按照消防主机设定的逻辑发出警报，控制各类消防设备自动投入运行。有关资料统计表明，绝大多数火灾自动报警系统能够正常运行的场所，都能在初期火灾发生时及早探测、及早报警、及早扑灭，不会酿成重大火灾。

本小节主要参考 GB 50116—2013《火灾自动报警系统设计规范》中的第 4 章～第 7 章相关内容。

1. 火灾报警控制器（联动型）（见图 1–3–49）

（1）火灾报警控制器（联动型）（以下简称“消防主机”）应处于正常工作状态，主电指示灯应常亮，火警、屏蔽、故障等指示灯应熄灭（见图 1–3–50）。

图 1–3–49　消防主机

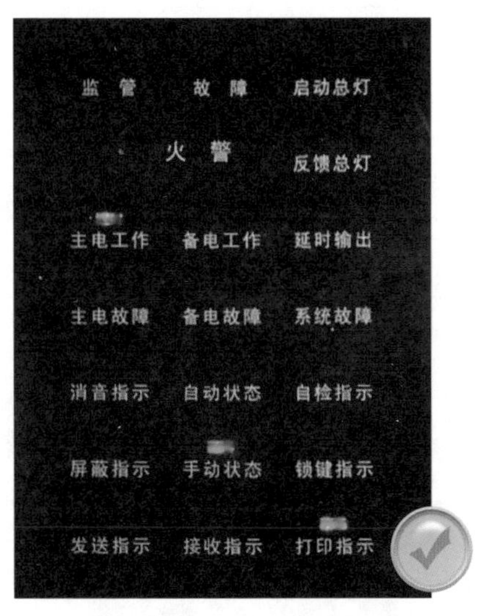

图 1–3–50　正常运行状态下的消防主机显示面板

（2）按动消防主机自检、复位按钮，主机能完成自检、复位命令，主机面板应显示自检或复位结果。

（3）切断主电电源，主机应能自动切换到备电状态，主机面板上备电指示灯应点亮。

（4）应设有消防电话总机（见图 1－3－51），总机应能与水泵房、风机房、消防电梯机房等设备房内的消防专用电话分机或电话插孔之间互相呼叫与通话，通话声音应清晰。

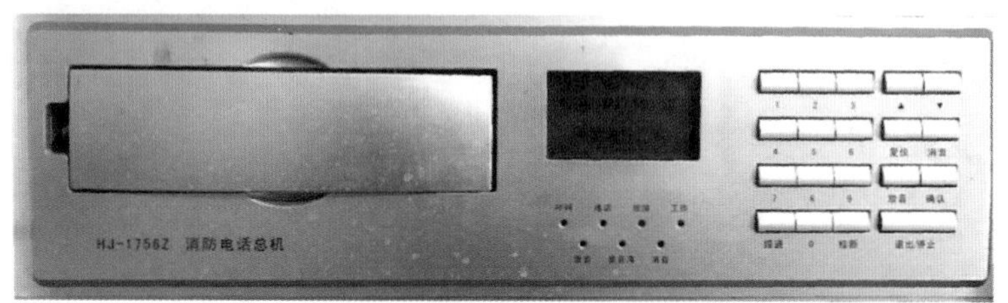

图 1－3－51　消防电话总机

（5）消防主机应能接受报警信号，蜂鸣器能够鸣响报警，开启了火警打印功能的消防主机应能自动打印。

（6）消防配电柜应有双路电源，并在末端设置自动切换装置，配电柜不得另外接线供其他非消防设备用电。

2. 火灾探测装置

（1）感烟探测器、感温探测器、手动报警按钮等火灾探测装置的外观状态应保持良好，巡检灯应闪亮（见图 1－3－52）。

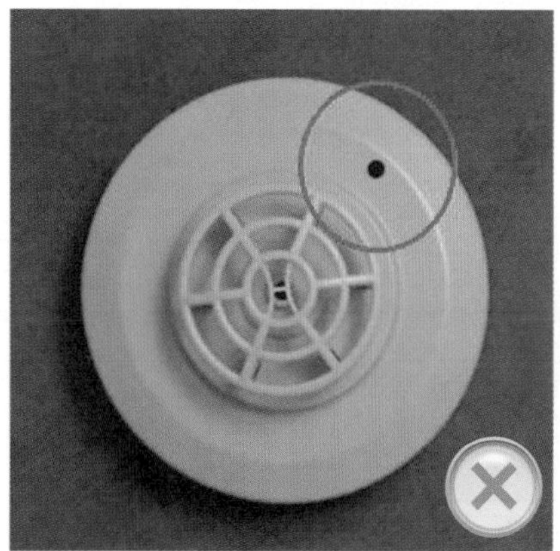

图 1－3－52　手动报警按钮和探测器上的巡检灯不亮

（2）感烟探测器、感温探测器的保护罩应摘除（见图 1–3–53）。

（3）感烟探测器在试验烟气的作用下，应输出火警信号，点亮报警确认灯，并将报警信号传输至消防主机，消防主机应能正确显示报警点位。

（4）感温探测器在试验热源的作用下，应输出火警信号，点亮报警确认灯，并将报警信号传输至消防主机，消防主机应能正确显示报警点位。

（5）手动报警按钮应安装牢固，不应倾斜。按下手动报警按钮，报警信号灯应常亮，消防主机应能正确显示报警点位（见图 1–3–54）。

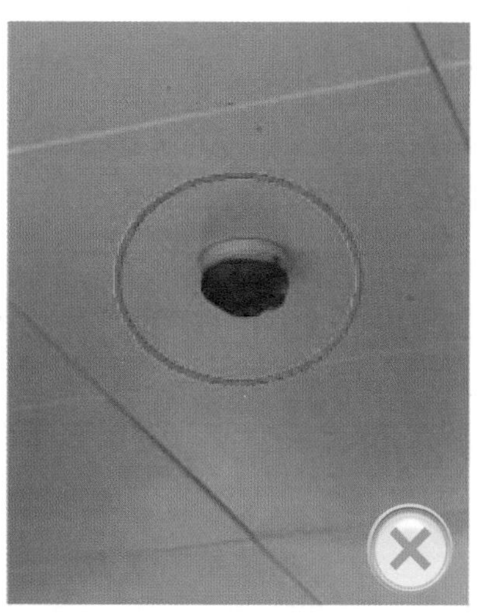
图 1–3–53 感烟探测器保护罩未摘除

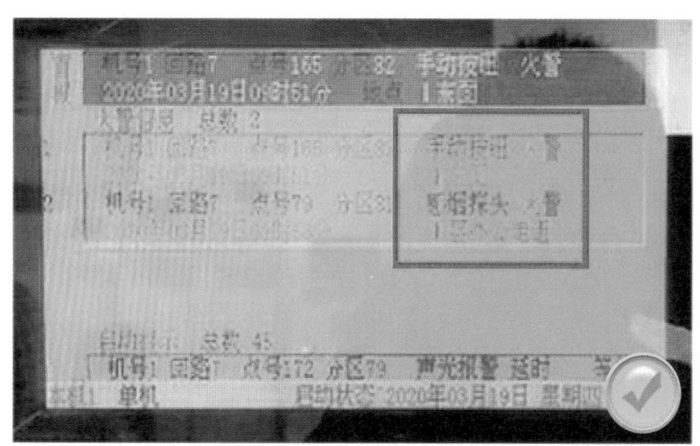

图 1–3–54 消防主机上的火警信息显示

（6）采用格栅吊顶的建筑，当吊顶镂空面积与总面积之比不大于 15%时，探测器应设置在吊顶下方；大于 30%时，探测器应设置在吊顶上方（见图 1–3–55）；镂空面积在 15%与 30%之间时，应根据设计图纸的要求确定。

（7）坡度大于 15° 的人字形屋顶，应在屋脊处设置一排点型探测器。

图 1–3–55 镂空面积比大于 30%，探测器设置在吊顶下方

3. 火灾显示盘（层显）

（1）应设置在出入口等明显和便于操作的部位，外观状态应良好，无破损现象。

（2）当火灾探测装置发出报警信号，或其他相关消防设备动作时，火灾显示盘应能发出报警声，并显示产生报警的探测器编号等相关信息（见图 1-3-56）。

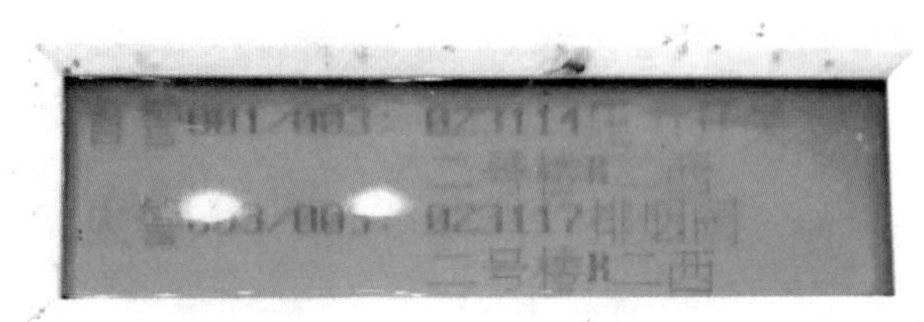

图 1-3-56　火灾显示盘的信息显示

（3）报警状态下按下消音按钮，火灾显示盘报警声应停止，消音指示灯应被点亮。

4. 消防设施联动测试

将消防主机设为自动状态，触发两个感烟探测器，或触发一个感烟探测器与一个手动报警按钮，相应防火分区内的消防设备应能执行联动控制操作：应急广播、应急照明开启；电梯迫降到首层或电梯转换层；相关楼层的送风阀、排烟阀打开，相应加压送风机、排烟风机启动；非消防用电自动切断；疏散指示标志灯点亮；防火卷帘下降；常开式防火门自动关闭等设计时间在 2014 年 5 月 1 日前的建筑，触发一个火灾探测器即可进行联动。

1.3.5　防排烟系统

火灾发生时往往伴随着大量的浓烟。经统计，烟气引发的中毒或窒息在火灾死亡原因中占据了绝大比重。防排烟系统是防烟系统和排烟系统的总称，具有可以减少浓烟对人类的危害的作用。防烟系统采用加压送风机机或自然通风方式，将室外新鲜空气送入楼梯间、前室，防止烟气涌入人员疏散的必经之路。排烟系统采用排烟风机或自然通风方式，将高温烟气排放至建筑物外，为人员疏散创造有利条件。

本小节主要参考 GB 51251—2017《建筑防烟排烟系统技术标准》中的第 6 章相关内容。

1. 风机

（1）排烟风机、加压送风机外观状态良好，安装牢固。

（2）风机控制柜应处于自动状态，控制柜上应有所控制风机的编号、区域等标识（见图 1-3-57）。

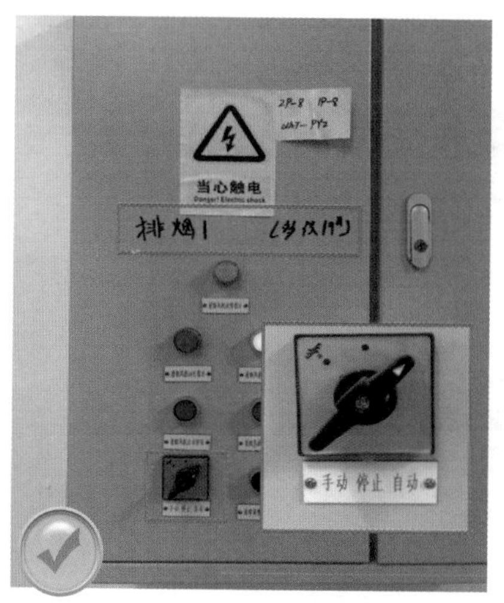

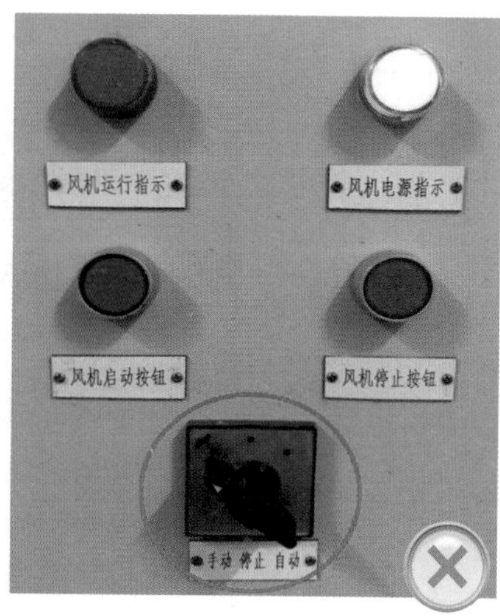

图 1-3-57　风机控制柜处于自动状态，控制柜上进行了标注

（3）风机应能在现场通过控制柜按钮手动启动、停止，并能通过消防主机远程启动、停止。当风机动作后，消防主机应能显示相应反馈信号。

（4）风机启动后应转速平稳，无异常振动与声响。

（5）风机启动后叶轮旋转方向应正确，送风机气流风向应为吹出，排烟风机气流风向应为抽吸。

（6）排烟风机入口处和排烟风管穿越防火分区处应设有动作温度为 280℃ 的排烟防火阀（见图 1-3-58），防火阀铭牌指示方向应与实际气流方向一致（见图 1-3-59）。

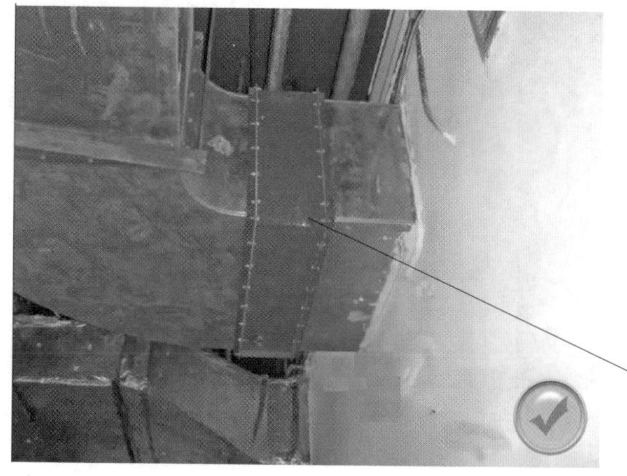

排烟防火阀
作用：当烟气温度超过
280℃时，易熔合金熔断，
导致阀门自动关闭，
同时连锁关闭风机

图 1-3-58　排烟风管穿越防火分区处设置排烟防火阀

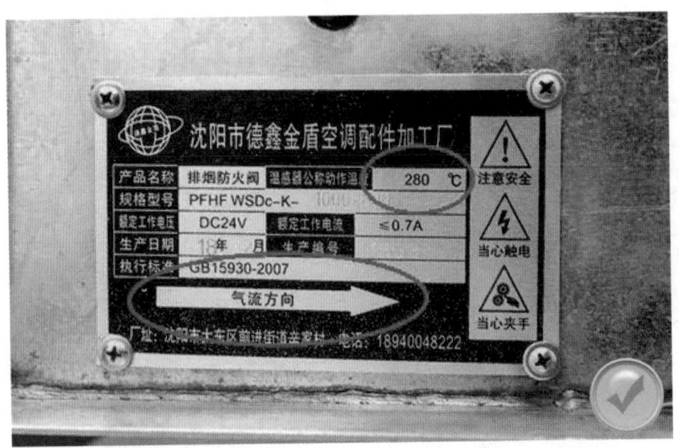

图 1-3-59 排烟防火阀动作温度应为 280℃，气流方向应与实际一致

（7）风机房内不应堆放杂物（见图 1-3-60）。

2. 风道

（1）风管外观应完好无损，连接处应连接紧密（见图 1-3-61）。金属风管不应锈蚀；无机风管不应出现泛卤、泛霜现象；土建风道内表面的水泥砂浆涂抹应平整，不应有贯穿性的裂缝及孔洞，以防排烟风机运转时高温烟气外泄（见图 1-3-62）。

图 1-3-60 风机房内堆放杂物，影响人员入内操作

图 1-3-61 排烟风管外观完好，连接紧密

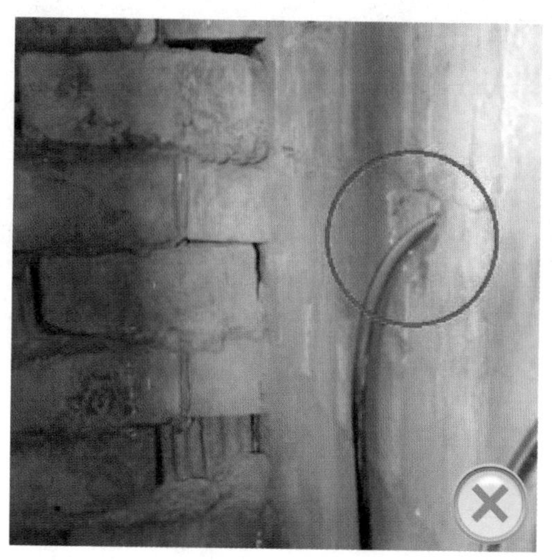

图 1-3-62　风道表面未抹平，且被孔洞贯穿

（2）排烟井道内应无电气线路和其他无关管路，以防高温烟气将其引燃（见图 1-3-63）。

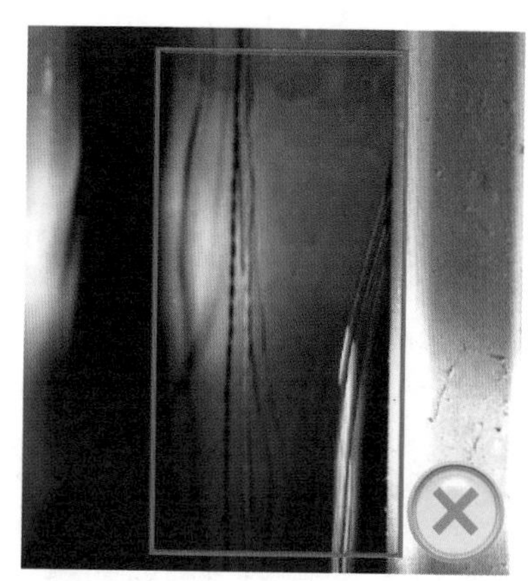

图 1-3-63　排烟井道内壁

3. 送风口（阀）、排烟口（阀）

（1）排烟口、正压送风口应安装牢固，外观状态良好，无损坏，关闭时应严密。

（2）常闭式排烟口、送风口应能就地手动开启，并能通过消防主机远程自动开启（见图 1-3-64）。

图 1-3-64　送风口手动开启装置

（3）消防主机自动状态下，开启任一排烟阀或常闭加压送风口后，排烟风机或加压送风机能自动启动，并将启动信号反馈至消防主机。

4. 挡烟垂壁

（1）挡烟垂壁外观状态良好，无损坏。

（2）电动挡烟垂壁应能在现场手动升降，并能通过消防主机远程控制升降。电动挡烟垂壁动作后，消防主机应显示相应反馈信号。

1.3.6　气体灭火系统

气体灭火系统以气体作为灭火介质，具有洁净、腐蚀性小、绝缘性能好、灭火速度快等特点，适用于扑救多种类型的火灾。由于其使用后不留痕迹，对保护对象及环境没有二次污染，因而被广泛应用于电子计算机房、通讯机房、图书馆、档案馆、配电室、珍品库、博物馆等洁净场所。

图 1-3-65　气体防护区墙上的泄压口

本小节主要参考 GB 50370—2005《气体灭火系统设计规范》中的第 3～第 5 章相关内容。

1. 防护区

（1）防护区有泄压口，七氟丙烷灭火系统的泄压口应位于防护区净高的三分之二以上（见图 1-3-65）。

（2）防护区内设有应急照明灯、疏散指示标志灯，但应急照明灯不应使用插头取电（见图 1-3-66）。

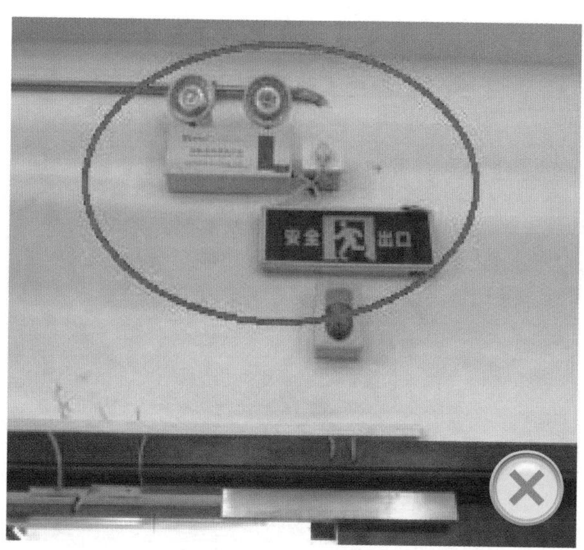

图 1-3-66　应急照明灯使用插头取电

（3）防护区的门向疏散方向开启，并能自行关闭。

（4）防护区内吊顶、地板盖合完好，不应有明显裂缝（见图 1-3-67 和图 1-3-68）。

图 1-3-67　防护区吊顶盖合完好

图 1-3-68　防护区地板未盖合严密

（5）防护区地板下若有较多电缆，且地板采用非格栅型地板，则应在地板下安装火灾探测器及气体喷头进行保护，以便地板下电缆发生火灾时及时进行报警和扑救。

（6）气体喷放时，防护区内的通风系统应能联动关闭（见图 1-3-69）。

图 1-3-69 气体防护区内设有通风系统，风机未与气体灭火系统联动

（7）防护区不应有不能关闭的开口，防火区与其他空间相同的开口，除泄压口外，应能在灭火剂喷放前自动关闭（见图 1-3-70）。

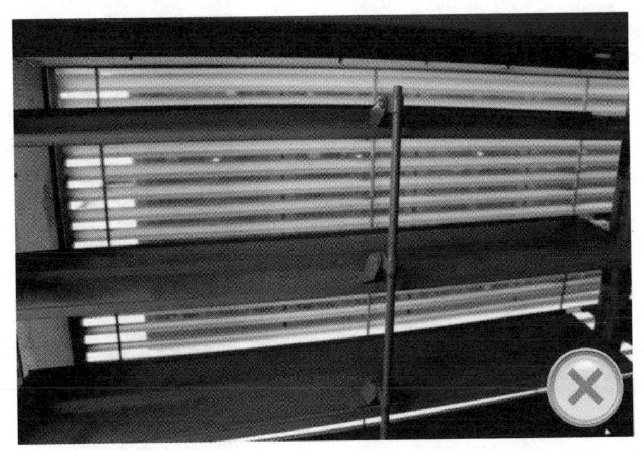

图 1-3-70 某气体保护区墙上装有常开回风口，火灾时不能联动关闭

（8）防护区内、外应设有声光警报器和喷放指示灯，气体喷放时喷放指示灯应点亮（见图 1-3-71）。

图 1-3-71　气体防护区内设有声光警报器、喷放指示灯

（9）防护区外手动启动装置处应有操作规程。

（10）防护区围护结构及门窗的耐火极限均不宜低于 0.5h，吊顶的耐火极限不宜低于 0.25h。防护区围护结构承受内压的允许压强不宜低于 1.2MPa，不应采用普通玻璃（见图 1-3-72）。

图 1-3-72　气体防护区外墙使用普通玻璃，耐火极限不足

（11）已撤销或停用的气体灭火系统保护区，系统管道应采取隔离措施，防止气体勿喷，造成人员伤亡（见图 1–3–73）。

图 1–3–73　某气体灭火系统保护区改为会议室，但管道未采取隔离措施

2. 储瓶间

（1）储瓶间内设有应急照明，发生火灾时应能够保证正常工作照度。

（2）储瓶间的门向疏散方向开启。

（3）储瓶间气瓶压力正常，压力表指针指向绿区（见图 1–3–74）。二氧化碳气瓶重量正常，称重器未告警（见图 1–3–75）。

图 1–3–74　气瓶压力表指向绿区

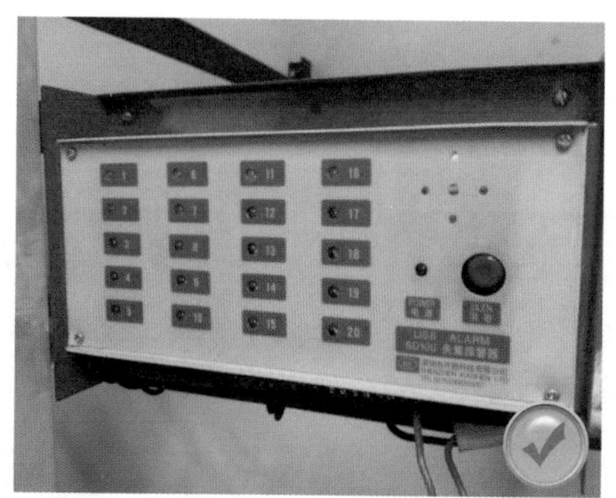

图 1–3–75　二氧化碳气瓶称重器未告警

（4）储存容器的支、框架应固定牢靠，并经防腐处理（见图 1–3–76）。

图 1–3–76　气瓶框架未经防腐处理

（5）储瓶间内应有相应操作规程。

3. 选择阀

（1）选择阀上应设置标明防护区的永久性标识牌。

（2）选择阀的保险销铅封正常。

（3）对于已停用的防护区，其选择阀应采用盲板封堵。

4. 气瓶及管路

（1）气瓶电磁阀下端的保险销应拔除，上端的保险销不应拔除，且应采用铅封进行固定（见图 1-3-77）。

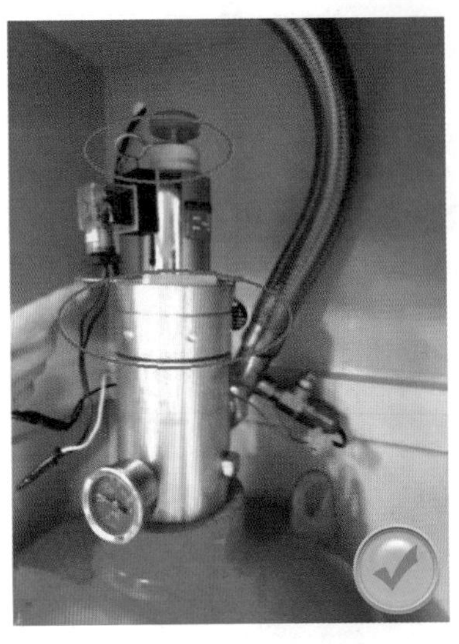

图 1-3-77　电磁阀上端保险销应拔除，下端保险销不应拔除

（2）启动气瓶电磁阀的控制线路应安装牢固，不应有脱落、短路等现象。

（3）启动气体管路上设有低泄高封阀（见图 1-3-78），集流管上设有泄压阀（见图 1-3-79）。泄压装置的泄压方向不应朝向操作面。

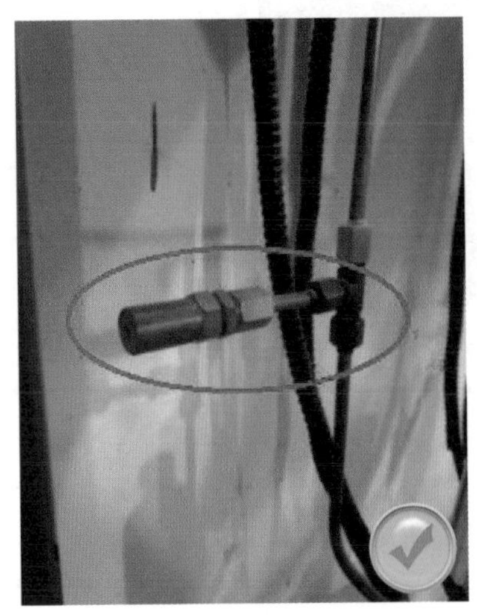

图 1-3-78　启动气体管路上设低泄高封阀

图 1-3-79　集流管上设泄压阀

（4）启动气体管路最末端应采用专用堵头封堵，避免被高压气体冲破的风险（见图 1–3–80）。

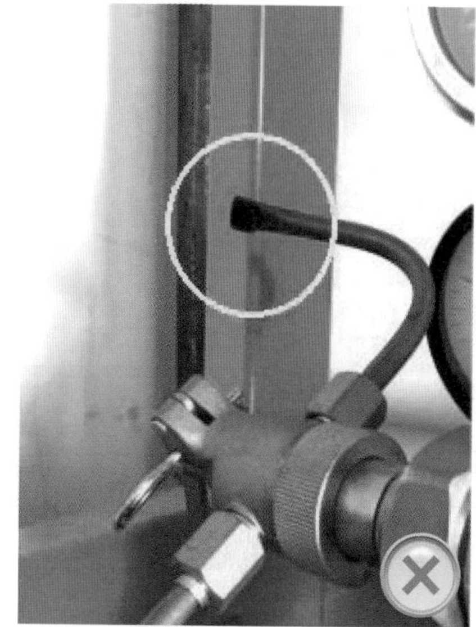

图 1–3–80　启动气体管道末端封堵

（5）启动气体管路采用管卡固定牢靠，管卡间距不应大于 0.6m，转弯处应增设 1 个管卡。

（6）启动气瓶正面应标明驱动介质名称和对应防护区或保护对象的名称或标号（见图 1–3–81）。

（7）灭火剂输送管道的外表面宜涂红色油漆。在吊顶内、活动地板下等隐蔽场所内的管道，可涂红色油漆色环，色环宽度不应小于 50mm。每个防护区或保护对象的色环宽度应一致，间距应均匀（见图 1–3–82）。

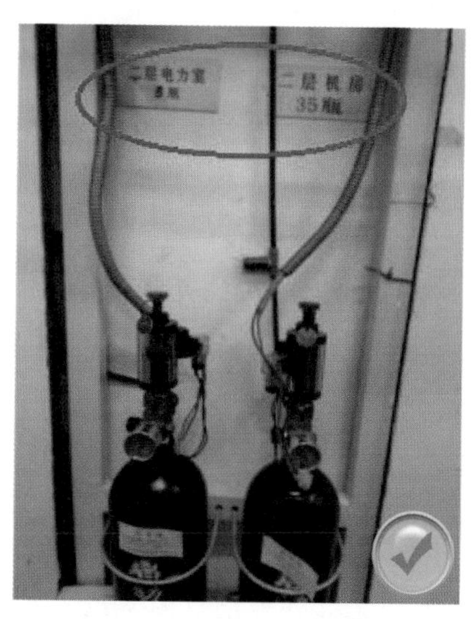

图 1–3–81　气瓶标注了对应的防护区

图 1-3-82　灭火剂输送管道外表面

1.3.7　灭火器

灭火器是最常见的灭火设施，具有使用方便、造价经济、便于移动等特点。灭火器分布在建筑物内各个可能起火的场所，能够在火灾初期迅速将小火扑灭，避免更大范围的火灾。然而，灭火器也需要定期进行检查、维护和保养，以保证其灭火效果。

1. 手提及推车式灭火器

（1）灭火器外观状态良好，无锈蚀、无变形等现象，手柄、插销、铅封、压力表等组件应齐全完好。

（2）灭火器压力表指针应指向绿区（见图 1-3-83）。若指向红区，表示灭火器欠压，灭火剂喷射的射程不足，影响灭火效果；若指向黄区，表示灭火器超压，存在安全隐患。发现以上两种情况均应立即对灭火器进行维修更换。

（3）某灭火器型号为 MFZ/ABC4，充装量为 4kg，B 灭火器正确配备了喷射软管，但 C 灭火器未配备（见图 1-3-84）。

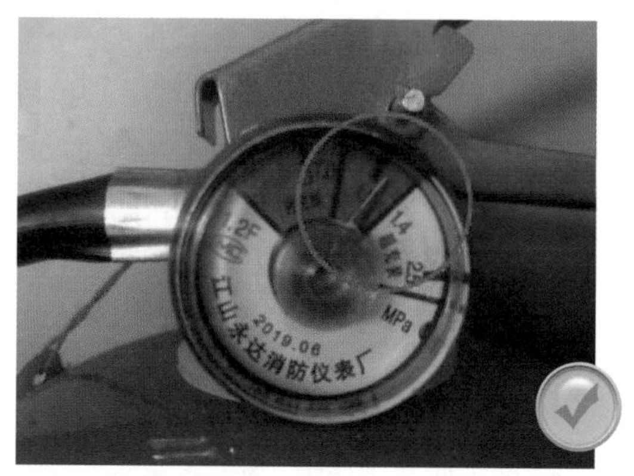

图 1–3–83　灭火器压力表指针应指向绿区

图 1–3–84　C 灭火器未配备喷射软管

（4）查看灭火器筒体上的出厂日期和检修日期，灭火器应在有效期内。灭火器维护保养周期如表 1 –3–2 所示。

表 1– 3–2　　灭火器维护保养周期表

类型	首次维修	复检	报废
水基型	出厂后满 3 年	首次维修后每满 1 年	出厂后满 6 年
干粉、洁净气体	出厂后满 5 年	首次维修后每满 2 年	出厂后满 10 年
二氧化碳	出厂后满 5 年	首次维修后每满 2 年	出厂后满 12 年

（5）查看筒体铭牌上标识的灭火级别。非生产场所配置的干粉灭火器往往为 ABC 类干粉灭火器：对于轻危险级场所，灭火级别不应低于 1A（ABC1、ABC2）；对于中危险级场所，灭火级别不应低于 2A（ABC3、ABC4）；对于严重危险级场所，灭火级别不应低于 3A（ABC5 及以上）。

对于非生产场所，可参照以下标准判定场所或区域的危险等级：

轻危险级：未设集中空调、电子计算机、复印机等设备的普通办公室；建筑物中以难燃烧或非燃烧的建筑构件分隔的并主要存贮难燃烧或非燃烧材料的辅助房间。

中危险级：无贵重设备且可燃物不多的普通实验室；设有集中空调、电子计算机、复印机等设备的办公室；会堂、礼堂的观众厅；建筑面积在 2000m^2 以下的阅览室、展览厅；二类高层建筑的写字楼；建筑面积在 200m^2 以下的公共娱乐场所；超市的库房、铺面；民用燃油、燃气锅炉房；民用的油浸变压器室和高、低压配电室。

严重危险级：设备贵重或可燃物多的实验室；专用电子计算机房；会堂、礼堂的舞台及后台部位；建筑面积在 2000m² 及以上的阅览室、展览厅；超高层建筑和一类高层建筑的写字楼；建筑面积在 200m² 及以上的公共娱乐场所。

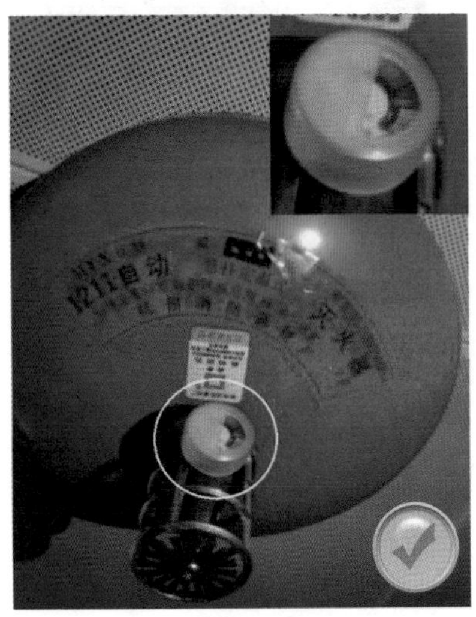

图 1-3-85　悬挂式干粉灭火装置压力表指向绿区

（6）灭火器巡查记录应真实、完整。位于人员密集的公共场所和地下室的灭火器每半个月至少检查一次，其他区域的灭火器每月至少检查一次。

（7）灭火器一经使用，必须重新进行重装。

2. 悬挂式干粉灭火装置

（1）查看悬挂式干粉灭火装置表面标识，灭火装置应在有效期内，通常为 5 年。

（2）悬挂式干粉灭火装置压力正常，压力表指针指向绿区（见图 1-3-85）。

（3）采用感温元件启动的悬挂式干粉灭火装置应靠近顶棚安装（见图 1-3-86）。

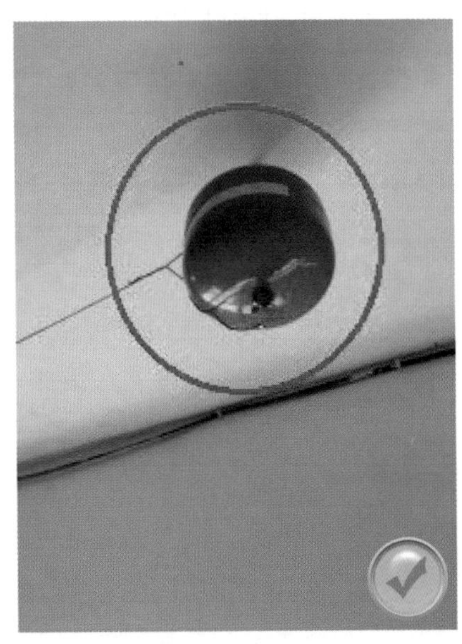

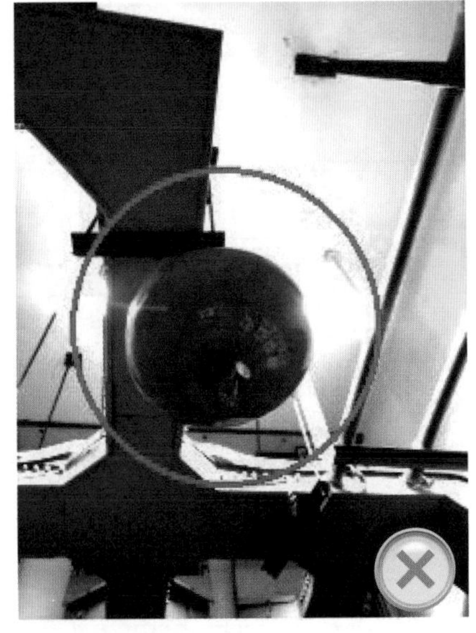

图 1-186　悬挂式干粉灭火器安装

1.3.8　应急照明与疏散指示系统

（1）应急照明灯、疏散指示标识安装牢固，外观状态良好，不被障碍物遮挡。

（2）应急照明灯、疏散指示标识灯面板上的主电指示灯应常亮，故障指示灯应熄灭（见图 1–3–87）。

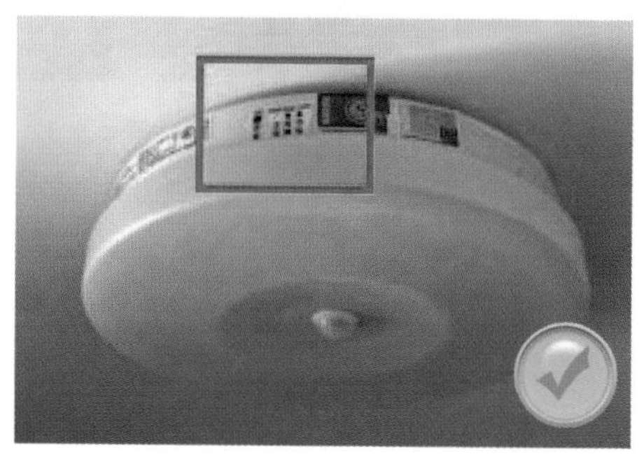

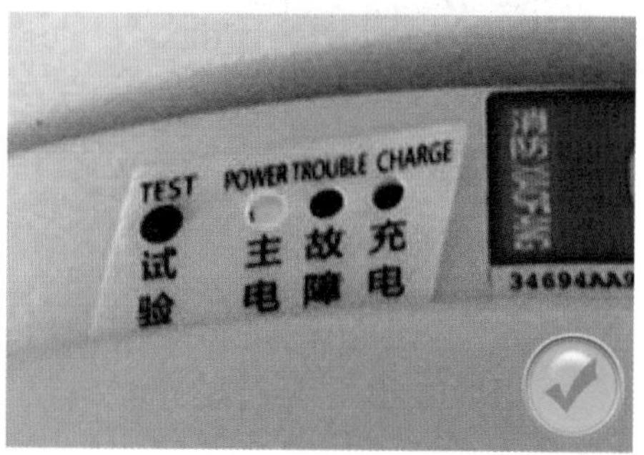

图 1–3–87　应急照明灯的指示灯

（3）按下应急照明灯、疏散指示标识灯的试验按钮，灯具应能正常点亮。

（4）疏散指示标识灯指示的疏散方向应正确、清晰，与现场实际疏散路线相符（见图 1–3–88）。

（5）消防应急标识灯具应为灯光型，不应采用蓄光型指示标识替代（见图 1–3–89）。

（6）断开应急照明和疏散指示标识灯的主电源，应能自动切换到备电状态，且备电连续工作时间不应小于 30min。

（7）应急照明灯、疏散指示标识灯不应采用插头取电（见图 1–3–90）。

图 1–3–88　疏散指示标识灯指示方向与实际不符

图 1–3–89　疏散指示标识应采用灯光型，不应采用蓄光型

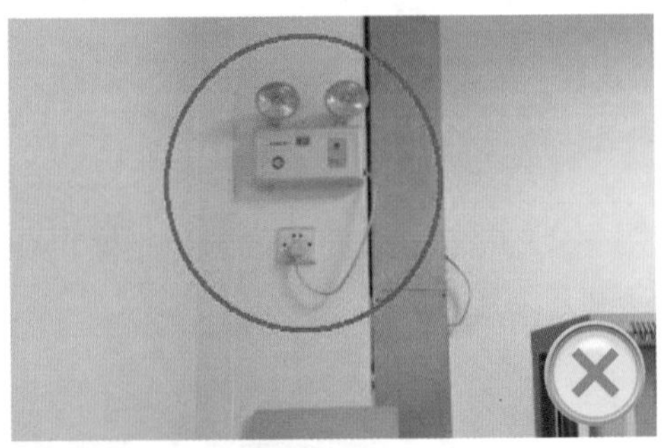

图 1-3-90　疏散指示标识灯通过接线盒取电

（8）应设置应急照明的部位。

1）封闭楼梯间、防烟楼梯间及其前室、消防电梯间的前室或合用前室、避难走道、避难层；

2）观众厅、展览厅、多功能厅和建筑面积大于 200m^2 的营业厅、餐厅、演播室等人员密集的场所；

3）建筑面积大于 100m^2 的地下或半地下公共活动场所；

4）公共建筑内的疏散走道（见图 1-3-91 和图 1-3-92）。

图 1-3-91　多功能厅内无应急照明，不利于人员疏散

图 1-3-92　某楼梯间内设置的灯具为普通灯具，断电状态下无法点亮

1.4 消防安全管理

我国消防工作的基本方针是“预防为主，防消结合”，做好消防安全管理工作是贯彻落实这一方针的根本保证。各项消防安全技术措施必须依赖于有效的消防管理才能发挥应有的作用，建立健全消防安全管理体系可以促进企业消防安全管理工作有序、有效地进行。在对企业消防安全管理工作进行检查时，可以从以下几方面着手开展工作：消防安全责任制落实、日常消防安全管理、扑救初期火灾的能力、消防教育培训、消防工作报告备案等。本节将对这几个方面的检查要点逐一进行说明。

本节引用了《机关、团体、企业、事业单位消防安全管理规定（公安部令第 61 号)》第 2～8 章等、《中华人民共和国消防法》(2019)、GB 25506—2010《消防控制室通用技术要求》《消防安全责任制实施办法》(国办发〔2017〕87 号）第 4 章等国家相关法律法规、技术规范的相关内容。

1.4.1 消防安全责任制落实情况

消防安全责任的落实是一项系统工程，需要构建逐级岗位责任体系，明晰各级各岗位消防安全职责。

1. 消防安全责任人职责

法人单位的法定代表人或非法人单位的主要负责人为本单位的消防安全责任人，对本单位的消防安全工作全面负责。

单位的消防安全责任人应当履行下列消防安全职责：

（1）贯彻执行消防法规，保障单位消防安全符合规定，掌握本单位的消防安全情况。

（2）将消防工作与本单位的生产、科研、经营、管理等活动统筹安排，批准实施年度消防工作计划。

（3）为本单位的消防安全提供必要的经费和组织保障。

（4）确定逐级消防安全职责，批准实施消防安全制度和保障消防安全的操作规程。

（5）组织防火检查，监督落实火灾隐患整改，及时处理涉及消防安全的重大问题。

（6）根据消防法规的规定建立专职消防队、义务消防队。

（7）组织制订符合本单位实际的灭火和应急疏散预案，并实施演练。

2. 消防安全管理人职责

单位消防安全责任人应确定本单位的消防安全管理人，消防安全管理人对本单位的消防安全责任人负责，具体实施和组织落实消防安全管理工作。

单位消防安全管理人应当履行下列消防安全职责：

（1）拟订年度消防工作计划，组织实施日常消防安全管理工作。

（2）组织制定消防安全制度和保障消防安全的操作规程并检查督促其落实。

（3）拟订消防安全工作的资金投入和组织保障方案。

（4）组织实施防火检查和火灾隐患整改工作。

（5）组织实施对本单位消防设施、灭火器材和消防安全标志维护保养，确保其完好、有效，确保疏散通道和安全出口畅通。

（6）组织管理专职消防队和义务消防队。

（7）对职工进行消防知识、技能的宣传教育和培训，组织灭火和应急疏散预案的实施和演练。

（8）单位消防安全责任人委托的其他消防安全管理工作。

消防安全管理人应当定期向消防安全责任人报告消防安全情况，及时报告涉及消防安全的重大问题。未确定消防安全管理人的单位，前款规定的消防安全管理工作由单位消防安全责任人负责实施。

3. 部门消防安全责任人职责

单位各部门的负责人为本部门的消防安全责任人，对本部门的消防安全工作全面负责。

部门消防安全责任人应当履行下列消防安全职责：

（1）组织实施本部门的消防安全管理工作计划。

（2）根据本部门的实际情况开展消防安全教育与培训，制订消防安全管理制度，落实消防安全措施。

（3）按照规定实施消防安全巡查和定期检查，管理消防安全重点部位，维护管辖范围的消防设施。

（4）及时发现和消除火灾隐患，不能消除的，应采取相应措施并向单位消防安全责任人或消防安全管理人报告。

（5）发现火灾，及时报警，并组织人员疏散，扑救初期火灾。

4. 消防安全归口管理职能部门职责

单位应确定专职或兼职消防管理人员，设置或者明确消防工作的归口管理职能部门。归口管理职能部门和专兼职消防管理人员在消防安全责任人或者消防安全管理人的领导下开展消防安全管理工作。

单位消防安全归口管理部门和专兼职消防管理人员应当履行下列消防安全职责：

（1）拟定年度消防工作计划，组织实施日常消防安全管理工作。

（2）制订消防安全制度和操作规程并检查督促各部门、单位及员工认真落实。

（3）拟订消防安全工作的资金投入计划和组织保障方案。

（4）组织实施防火检查、巡查，督促整改火灾隐患。

（5）组织实施对消防设施、灭火器材和消防安全标志的维护保养，确保其完好有效。

（6）管理专职消防队、义务消防队和微型消防站，按照训练计划，督促其定期实施演练，不断提高扑救初期火灾的能力。

（7）确定消防安全重点部位并督促相关部门、单位加强重点监管。

（8）组织员工开展消防安全“四个能力”建设，对员工进行消防知识、技能的宣传教育和培训，组织灭火和应急疏散预案的实施和演练，确保每一名员工都具备“检查消除火灾隐患、组织扑救初期火灾、组织人员疏散逃生、开展消防宣传教育培训”的能力。

（9）定期向消防安全责任人（消防安全管理人）汇报消防安全管理体系的绩效，为评审和改进消防安全管理体系提供依据。

（10）与当地消防救援机构建立沟通渠道，及时向消防救援机构汇报单位的消防安全情况。

（11）完成消防安全责任人和消防安全管理人委托的其他消防安全管理工作。

5. 消防控制室值班人员职责

（1）遵守消防控制室的各项规章制度。

（2）熟悉和掌握本系统的工作原理和操作规程，熟悉各种按键的功能，能够熟练操作。

（3）应当在岗在位，认真记录控制器运行情况，每日检查火灾报警控制器的自检、消音、复位功能以及主备电源切换功能，消防联动控制器的运行状况，并认真填写《消防控制室值班记录》。

（4）及时发现和处理设备故障，并填写“建筑消防设施故障处理记录”。

（5）掌握和了解消防设施的运行、误报警、故障有关情况。

（6）熟练掌握“消防控制室火灾事故应急处置程序”，火灾情况下能够按照程序开展灭火救援工作。

6. 微型消防站队员、专兼职消防队员职责

消防安全重点单位应当按照有关规定建立微型消防站，落实微型消防站人员配备、场地设置和器材配置。

微型消防站队员应履行下列消防安全职责：

（1）本单位发生火灾后应立即赶赴现场及时扑救。

（2）本单位以外的相邻单位或场所发生火灾后应根据群众报警或消防救援机构的调度指令，立即赶赴现场扑救火灾。

（3）了解掌握火灾现场基本情况，并及时向到场扑救火灾的消防救援机构报告现场情况。

（4）组织人员疏散，维持现场秩序；协助消防救援机构开展火灾原因调查等工作。

（5）开展本单位的日常防火安全巡查工作，及时发现和报告消除火灾隐患。

7. 其他员工职责

单位员工应熟记消防安全管理制度和消防安全操作规程，明确逐级岗位消防安全责任，掌握本岗位火灾危险性和火灾防范措施，掌握初期火灾处置程序和灭火器材使用方法，掌握引导人员安全疏散和逃生自救的技能，积极参加消防安全教育培训。

（1）参加消防安全教育培训，严格执行消防安全管理制度、规定及安全操作规程。

（2）熟知本岗位消防安全职责、消防安全重点部位、火灾危险性和相应操作规程。

（3）熟悉本工作场所灭火器材、消防设施设置位置，掌握灭火器、消火栓等消防设施、器材扑救初期火灾的方法。

（4）熟悉本工作场所疏散通道、疏散楼梯、安全出口设置位置及逃生路线，会组织和引导人员安全疏散，掌握逃生自救技能。

（5）针对本工作场所环境和岗位特点，开展班前班后防火检查，发现隐患及时排除并向上级主管报告。

（6）发现火情时，应立即通过火灾报警按钮、电话等方式通知消防控制室，并拨打“119”电话报警，使用就近消火栓、灭火器等设施器材灭火，同时组织引导人员疏散。

1.4.2　日常消防安全管理情况

1. 检查消防组织构架

查看该单位是否建立了的消防组织构架（见图 1-4-1），构架内是否明确了单位的消防责任人、消防管理人以及其他各岗位或各楼层的消防安全负责人。

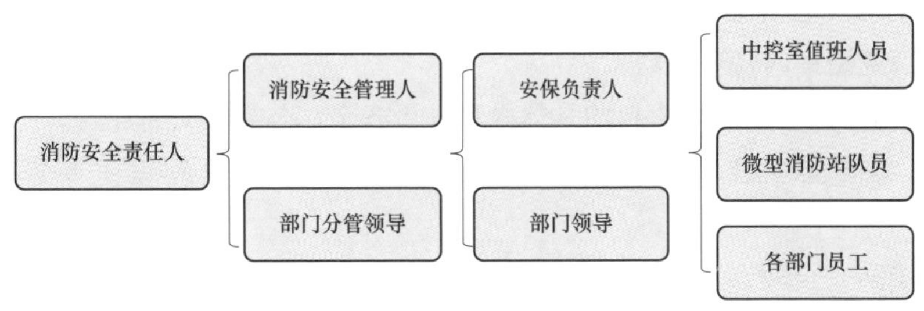

图 1-4-1　消防组织构架示例图

2. 检查消防档案

查看该单位消防档案内容是否齐全。完整的消防档案应当包括消防安全基本情况和消防安全管理情况。

（1）消防安全基本情况应当包括以下内容：

1）单位基本概况和消防安全重点部位情况。

2）建筑物或场所施工、使用或开业前的消防设计审核、消防验收以及消防安全检查的文件、资料。

3）消防管理组织机构和各级消防安全责任人。

4）消防安全制度。

5）消防设施、灭火器材情况。

6）专职消防队、义务消防队人员及其消防装备配备情况。

7）与消防安全有关的重点工种人员情况。

8）新增消防产品、防火材料的合格证明材料。

9）灭火和应急疏散预案。

（2）消防安全管理情况应当包括以下内容：

1）消防机构填发的各种法律文书。

2）消防设施定期检查记录、自动消防设施全面检查测试的报告以及维修保养的记录。

3）火灾隐患及其整改情况记录。

4）防火检查、巡查记录。

5）有关燃气、电气设备检测（包括防雷、防静电）等记录资料。

6）消防安全培训记录。

7）灭火和应急疏散预案的演练记录。

8）火灾情况记录。

9）消防奖惩情况记录。

3. 检查档案内各项资料

查看消防档案内各项资料的具体内容是否齐全，与事实是否相符。

（1）消防安全管理制度的检查方法。单位消防安全制度主要包括以下内容：

1）消防安全教育、培训。

2）防火巡查、检查。

3）安全疏散设施管理。

4）消防（控制室）值班。

5）消防设施、器材维护管理，火灾隐患整改。

6）用火、用电安全管理。

7）易燃易爆危险物品和场所防火防爆。

8）专职和义务消防队的组织管理。

9）灭火和应急疏散预案演练。

10）燃气和电气设备的检查和管理（包括防雷、防静电）。

11）消防安全工作考评和奖惩。

（2）防火巡查、检查工作的检查方法。

1）查看防火巡查、检查的工作内容是否涵盖了单位所有场所、所有消防设施。

2）对照防火巡查、检查记录的内容（见表1-4-1），对现场进行实地抽查。核实记录内容与事实是否相符，相关工作是否存在“走过程”现象。

（3）消防安全重点部位检查方法。单位应当将容易发生火灾、一旦发生火灾可能严重危及人身和财产安全以及对消防安全有重大影响的部位确定为消防安全重点部位。

消防安全重点部位应当建立岗位防火职责，设置明显的防火标志，并在出入口位置悬挂防火警示标识牌（见图1-4-2）。标识牌的内容应包括消防安全重点部位的名称、消防管理措施、灭火和应急疏散方案及防火责任人。

表 1-4-1　　　　　　　　　　每日防火巡查记录表

巡查日期：

时间	用火用电用油用气		安全出口、疏散通道		疏散指示标志、应急照明		消防安全标志、消防设施器材		防火门、防火卷帘		消防安全重点部位人员在岗		其他消防安全情况	具体问题及处理情况	巡查人员签字
	正常	违章	畅通	违章	正常	故障	正常	故障	正常	故障	在岗	脱岗			

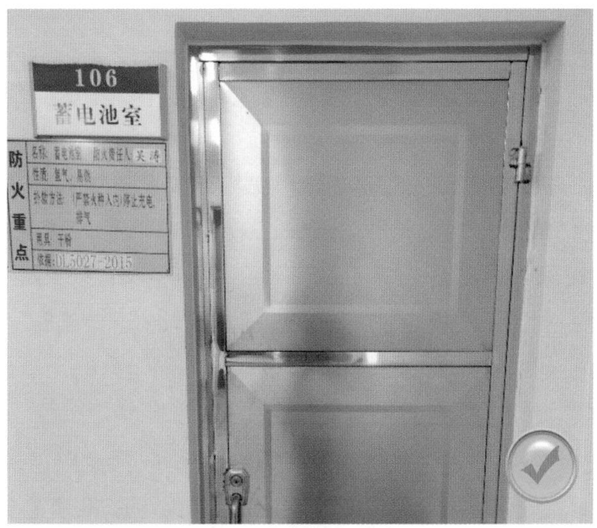

图 1-4-2　消防安全重点部位警示牌

（4）多产权或多使用单位场所检查方法。对于两个以上产权单位和使用单位的建筑物，各产权单位、使用单位对消防车通道、涉及公共安全的疏散设施和其他建筑消防设施应当明确管理责任，可以委托统一管理。

实行承包、租赁或委托经营、管理时，产权单位应当提供符合消防安全要求的建筑物，当事人在订立的合同中依照有关规定明确各方的消防安全责任；消防车通道、涉及公共消防安全的疏散设施和其他建筑消防设施应当由产权单位或委托管理的单位统一管理。承包、承租或者受委托经营、管理的单位应当遵守本规定，在其使用、管理范围内履行消防安全职责。

对该类场所进行检查时，应查看建筑各产权或各使用单位之间的消防安全职责是否做出过明确约定；建筑公共区域的消防车道、安全疏散设施、消防器材等是否明确了管理职责。如果委托其他单位进行统一管理，应查看双方是否签订有委托合同，合同约定的管理范围是否涵盖了建筑所有场所。

（5）火灾隐患整改工作的检查方法。

1）对照防火巡查、检查记录，核实在防火巡查、检查时发现的火灾隐患是否都出具了整改计划。

2）查看火灾隐患整改记录，核实记录内是否详细说明了隐患内容、隐患产生原因、隐患整改期限以及落实整改的相关责任人。

3）随机选取已完成整改的火灾隐患，去现场进行实地检查，核实记录内容和实际情况是否相符。

（6）消防设施、灭火器材的检查方法。

1）查看消防设施、灭火器材的存档清单，核查清单内的消防设施、灭火器材是否齐全。

2）随机选取清单内记录的设施器材，现场核实清单内容与事实是否相符。

3）查看单位消防设施定期检测、维保记录，核实检测及维保工作是否涵盖了单位内所有消防设施。

4）对照检测、维保记录内容，对设施进行实地抽查，核实记录内容是否属实，相关设施是否完好有效。

（7）灭火和应急疏散预案的检查方法。

1）查看应急预案内容是否完善。灭火和应急疏散预案应包括以下内容：

a. 组织机构，包括：灭火行动组、通讯联络组、疏散引导组、安全防护救护组。

b. 报警和接警处置程序。

c. 应急疏散的组织程序和措施。

d. 扑救初期火灾的程序和措施。

e. 通信联络、安全防护救护的程序和措施。

2）查看应急预案的文本内容与单位实际情况是否相符；建筑内不同使用功能的场所是否分别制订了针对性的应急预案。

3）查看单位历次火灾演练记录，核实演练内容与制订的预案是否相符；单位不同场所的人员是否都参加了应急疏散演练。

1.4.3　微型消防站

微型消防站见图 1–4–3。

图 1–4–3　微型消防站

1. 建设原则

依据浙消〔2020〕97 号文件规定，除消防法律法规规定应建立专职消防队、企业消防站和小型消防站外的其他消防安全重点单位（以下简称“重点单位”）均应建立微型消防站，鼓励非重点单位建立微型消防站。微型消防站以“救早、灭小”为目标，按照“有站点、有人员、有器材、有战斗力”标准建设，达到“1 分钟响应启动、3 分钟到场扑救、5 分钟协同作战”的要求。

2. 微型消防站级别分类

单位微型消防站分为三档：属于火灾高危单位的重点单位，应建立三星级微型消防站，其中采用木结构或砖木结构的全国重点文物保护单位可因地制宜建立。设有独立消控室、员工人数在 10 人（含）以上的重点单位，应建立二星级微型消防站。其他重点单位，应建立一星级微型消防站。

同一建筑内多个重点单位共用消防控制室的，该建筑可合并在公共部位建立三星级微型消防站，每个重点单位则可建立一星级微型消防站；有统一物业的，宜成立消防区域联防协作组织，以便于在火灾事故发生时更好地采取应急措施。

非重点单位可参照此分级标准建立微型消防站。

3. 建设要求

（1）人员配备。

1）基本要求。单位微型消防站人员配备应满足单位灭火应急处置“1 分钟响应启动、3 分钟到场扑救、5 分钟协同作战”的要求。

2）岗位设置。单位微型消防站应设站长、消防员等岗位，设有消控室的单位应设消控室操作员，配有消防车辆的单位微型消防站应设驾驶员岗位，可根据单位微型消防站的规模设置班（组）长等岗位，消防员亦可由工作员工兼任。站长一般由单位消防安全管理人担任。

3）分组编排。微型消防站每班次应设置值班员，负责应急处置指挥；三星级微型消防站每班次在岗人员不应少于 5 人，其中，能到场参与火灾扑救的在岗人员不应少于 4 人；二星级微型消防站每班次在岗人员不应少于 4 人，能到场参与火灾扑救的在岗人员不应少于 3 人；一星级微型消防站能到场参与火灾扑救的在岗人员不应少于 2 人。

单位微型消防站各岗位值班要求见表 1-4-2。

表 1-4-2　　单位微型消防站各岗位值班要求

岗位	三星级站		二星级站		一星级站	
	设置	人数	设置	人数	设置	人数
值班员	是	≥1	是	≥1	是	≥1
消防员	是	≥3	是	≥2	是	≥1
消控室操作员	是	≥1	是	≥1	否	/
班组长	视情况决定					
驾驶员	视情况决定					

（2）装备配备。

1）单位微型消防站应根据扑救初起火灾需要，配备一定数量的灭火、通信、防护等器材装备，巡查区域较大的，可配备电瓶车，电瓶车应随车携带灭火器或简易破拆工具。有条件的单位微型消防站可选配消防车辆。消防器材装备应根据灭火救援需要，结合建筑场（所）功能布局、室内（外）消火栓设置，分区域合理设置存放点。

2）微型消防站队员宜配备统一的工作服，并设置明显标识。消防头盔、消防员灭火防护服、消防员灭火防护靴、消防安全腰带、消防手套、空气呼吸器可根据实际需要选配。生产、储存、经营、使用易燃可燃液体或气体的单位，可根据火灾类别调整灭火器材配置种类。

3）纵向或横向管理体量大的单位根据实际情况，多点设置执勤战备器材点（2 盘水带，2 把水枪，2 具 4 公斤 ABC 型干粉灭火器）。

单位微型消防站装备配备参考标准见表 1–4–3。

表 1–4–3　单位微型消防站装备配备参考标准

序号	类别	器材名称	单位	三星级		二星级		一星级	
				数量	标准	数量	标准	数量	标准
1	灭火器材	水枪	把	2	必配	2	必配	1	必配
2		水带（根据实际配备 80mm/65mm 水带）	盘	5	必配	4	必配	3	必配
3		消火栓扳手	把	2	必配	1	必配	1	必配
4		ABC 型干粉灭火器（4 公斤装）	个	10	必配	5	必配	2	必配
5		强光照明灯	个	3	必配	2	必配	1	必配
6	破拆器材	消防斧	把	1	必配	1	必配	1	选配
7		绝缘剪断钳	把	—	选配	—	选配	—	选配
8		电梯钥匙	把	—	选配	—	选配	—	选配
9		铁铤	把	—	选配	—	选配	—	选配
10	个人防护装备	消防头盔	顶	4	选配	3	选配	2	选配
11		消防员灭火防护服	套	4	选配	3	选配	2	选配
12		消防员灭火防护靴	双	4	选配	3	选配	2	选配
13		消防安全腰带	条	4	选配	3	选配	2	选配
14		消防手套	双	4	选配	3	选配	2	选配
15		消防过滤式综合防毒面具	个	4	必配	3	必配	2	选配
16		空气呼吸器	具	2	选配	—	选配	—	选配
17	通信器材	固定电话（值班室、寝室同号分机）	台	1	选配	1	必配	1	必配

续表

序号	类别	器材名称	单位	三星级		二星级		一星级	
				数量	标准	数量	标准	数量	标准
18	通信器材	受理调度系统	台	1	必配	—	选配	—	选配
19		对讲机	台	3	选配	3	必配	—	选配
20		公网对讲机	台	3	必配	—	选配	—	选配
21		出警视频监控	套	1	必配	—	选配	—	选配

4. 站点设置

（1）单位微型消防站选址应遵循“便于出动、全面覆盖”的原则，选择便于人员车辆出动的场地。

（2）生产、贮存危险化学品的单位，应尽量将单位微型消防站设置在常年主导风向的上风或侧风方向。

（3）同一建筑内多个重点单位共用消防控制室，且合并建立的三星级微型消防站应设置在公共部位，其他一星级微型消防站应设置在各单位内部。纵向或横向管理体量大的单位，应按照“一站多点”建设模式设置多个值守备勤点。

（4）单位微型消防站应根据本单位事故特点建立专业处置队伍。

（5）单位微型消防站宜设置统一的明显标志，张贴（悬挂）“××（单位名称）微型消防站”标牌。

（6）单位微型消防站应设置必要的办公设施，满足值班需求，并将组织架构、重点人员联系方式等张贴上墙。有条件的单位可配备必要的生活设施。

5. 主要职责

单位微型消防站应根据消防安全管理人的统一安排，积极开展日常消防安全检查巡查、灭火应急演练、消防知识宣传。

（1）常态防火检查。

1）单位微型消防站应制订完善日常防火检查巡查、火灾隐患整改制度，明确日常排查、火灾隐患登记、报告、督办、整改、复查等程序。

2）单位微型消防站应当安排人员开展日常防火检查巡查，根据有关规定和单位实际，确定检查巡查人员、内容、部位和频次。

3）日常防火检查巡查的主要内容包括：油、水、电、气的管理情况，安全出口、疏散通道是否畅通，消防设施器材、消防安全标志是否完好有效，重点部位值班值守情况等。

4）对防火检查巡查发现的火灾隐患，应立即整改消除，无法当场整改的，要及时报告消防安全管理人。整改期间应采取管控措施，确保消防安全。

5）单位微型消防站防火检查情况应在纸质或在线系统上如实记录。

（2）快速灭火救援。

1）单位微型消防站应根据本单位实际情况和火灾特点制订完善灭火应急救援行动规程和定期演练制度。

2）单位微型消防站应定期开展灭火救援器材装备和疏散逃生路线熟悉，确保器材装备完好有效、疏散逃生路线畅通。

3）单位微型消防站应按照“1 分钟邻近员工先期处置、3 分钟第一灭火力量到场扑救、5 分钟增援力量协同作战”的要求，制订完善灭火应急救援和疏散预案，定期开展训练演练，提高快速反应能力。

4）“1 分钟响应启动”程序要求：单位微型消防站值班员（消控室值班员）接到火灾报警后，应立即发出火警指令，启动应急响应程序。就近调派火灾发生地点周边员工 1 分钟内到达火灾发生地点进行先期处置。同时，通知单位火灾发生地点相邻楼层或区域的消防员以及微型消防站在岗人员立即出动，并向当地“119”消防指挥中心报警。

5）“3 分钟到场扑救”程序要求：在接到火警报告或调派指令后，火灾发生地点相邻楼层或区域的消防员或微型消防站队员应在 3 分钟内到达起火发生地点，就近取用消防器材装备，按应急处置程序开展人员疏散、火灾扑救等工作。

6）“5 分钟协同作战”程序要求：起火单位微型消防站全体值班人员应在 5 分钟内到场参与扑救，加入消防区域联防协作组织的单位微型消防站，在其他单位发生火灾后，应按照“一处着火，多点出动”的要求，根据火警信息或调派指令，5 分钟内启动联动响应，携带灭火救援装备赶赴起火地点协同作战。消防救援站到场后，单位微型消防站应服从消防救援机构的统一指挥，协助开展处置。

7）消防区域联防协作的单位微型消防站，应建立信息互通机制，遇有火情可及时联络，通知到场增援。宜确定一个三星级消防站作为组织单位，每季度组织不少于一次的联动演练。

8）灭火应急救援演练、处置情况应在纸质或在线系统上如实记录。

（3）有效消防宣传。

1）单位应制订完善消防宣传和教育培训制度，将微型消防站作为消防宣传主要力量。

2）单位应定期向单位员工宣传消防知识，开展防火提醒提示以及应急处置逃生培训授课。通过单位微信群，定期发送消防安全内容，发生火灾时，辅助提醒疏散。

3）单位应定期组织员工进行消防安全教育培训，对新上岗和进入新岗位的员工，要开展岗前消防培训，使全体员工达到“一懂三会”要求。

4）消防宣传和教育培训情况应在纸质或在线系统上记录。

6. 运行机制

（1）日常管理。

1）微型消防站站长是各项规章制度贯彻落实的具体执行者，应加强教育学习组织，做好日常监督管理，确保正规有序。

2）微型消防站应主动掌握建筑改造施工、消防设施变动等涉及灭火救援有关情况，及时报消防救援大队备案。

3）单位应制订完善微型消防站日常管理、训练、保障制度。

4）单位微型消防站应根据有关制度，加强日常管理，定期开展针对本单位火灾特点的初起火灾扑救训练、培训或演练。

5）单位微型消防站的运行经费、队员工资待遇、社会保险等由单位负责。多个单位共用消控室合建微型消防站，要互相签订协议，明确权利义务。

6）单位微型消防站建成后，应及时报当地消防救援大队，由消防救援大队统一编号，登记相关信息。单位微型消防站人员、装备有调整的，应及时报主管当地消防救援大队。

7）单位微型消防站应加强档案资料建设，有关建设情况、活动记录应及时存档。

（2）值班备勤。

1）单位微型消防站应制订完善值班备勤制度。根据实际情况提前划定值班备勤地点，落实必要保障措施，确保队员值班备勤期间不离开任务区域，随时做好出动准备。

2）营业期间，单位微型消防站应科学分班编组，合理安排执勤力量，严格落实值班（备勤），确保战斗力。非营业期间，应落实人员值班巡查。

3）“一楼多站”模式下的单位微型消防站应主动加入消防区域联防协作组织，配合做好有关活动，定期开展联勤联训。

（3）指挥调度。

1）为提高火灾处置效率，本着“统一接警、分类处警”的原则，鼓励单位微型消防站安装受理调度系统，安装系统的微型消防站向当地消防救援大队提出联入“119”消防接处警系统的书面申请，由当地消防救援支队统一增设通信专线。微型消防站联入“119”消防接处警系统后，应当及时接收并确认消防救援队伍的指挥调度信息，实现“119”消防指挥中心与单位微型消防站更及时、快速、有效的沟通。

2）单位微型消防站应制订完善灭火救援调度指挥和通信联络程序。微型消防站与队员应时刻保持通信联络畅通并定时开展通信测试，确保遇有警情时能第一时间通知到每名值班备勤人员。当地消防救援支队应当统一出警视频监控的功能要求，鼓励单位微型消防站在适当位置安装出警视频监控。

3）三星级单位微型消防站应立足区域联防协作，纳入消防救援机构的统一调度，“119”消防指挥中心每周测试微型消防站受理调度系统，定期开展拉动演练。

4）单位微型消防站应接受消防区域联防协作组织的调派，协助参与消防区域联防协作组织内其他单位的灭火应急处置。

7. 微型消防站现场检查方法

微型消防站的现场检查可以从以下几个方面进行：

（1）查看微型消防站的布置位置。微型消防站的布置位置应能满足 1 分钟响应启动、3 分钟到场扑救、5 分钟协同作战的要求。通常微型消防站应布置在便于消防员快速出动的场所，进出微型消防站的通道应保持畅通，通道上不应摆放杂物或挪作他用（见图 1–4–4）。

图 1–4–4　微型消防站出入口被摆放的座椅堵塞

（2）查看微型消防站在岗值班人数。一级微型消防站每班次在岗人员不应少于 4 人。其中，能到场参与火灾扑救的在岗人员不应少于 3 人；二级微型消防站同时在岗人员不应少于 3 人；三级微型消防站同时在岗人员不应少于 2 人。

（3）查看微型消防站配备的消防设施器材。

1）根据微型消防站的设置等级，对照上文的设施器材表，核对微型消防站应配的设施器材是否齐全。

2）随机抽取微型消防站内配备的设施器材，核实是否完好有效。如空气呼吸器压力是否处于正常数值、对讲机是否能正常使用、灭火器是否处于有效期内、强光照明电量是否充足等。

（4）查看站内队员对消防设施器材使用的掌握情况。现场随机抽取一名队员，要求其陈述站内设施器材的使用方法。如何背戴空气呼吸器、站内对讲机的应急频道是什么、穿戴防护服所需时间、灭火器使用方法等。

1）空气呼吸器（见图 1–4–5）。首先查看队员是否能完成对空气呼吸器的压力测试，是否能正常开启空气呼吸器。

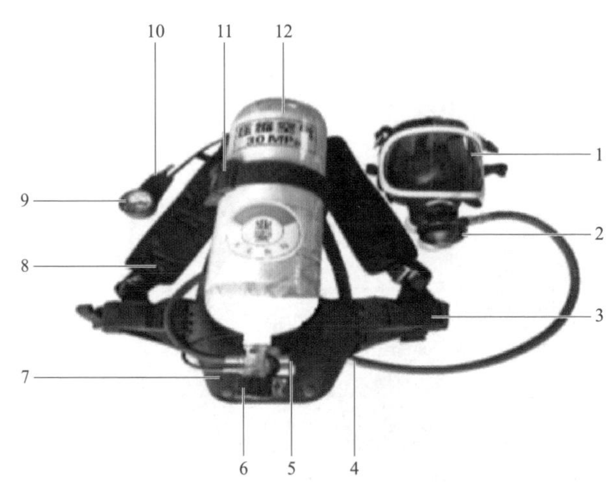

图 1–4–5　空气呼吸器组成

1—全面罩；2—供给阀；3—腰带组；4—快速接头；5—减压器；6—瓶头阀；7—背托；8—肩带；9—压力表；10—报警哨；11—瓶带组；12—气瓶

然后检查队员是否能正确佩戴空气呼吸器。空气呼吸器的正确佩戴方法如下：

a. 将空气呼吸器气瓶背在人身体后（瓶头阀在下方），根据身材调节好肩带、腰带，以合身牢靠、舒适为宜（见图 1–4–6）。

b. 先把面罩挂到脖子上，然后再连接好快速接头并锁紧，将面罩置于胸前，以便随时佩戴（见图 1-4-7）。

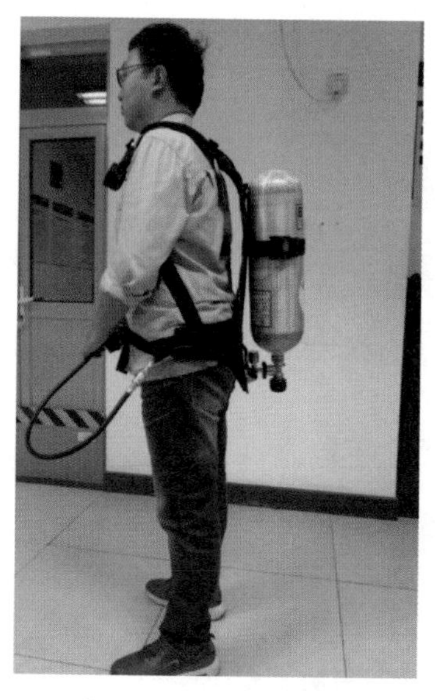

图 1-4-6　背上空气呼吸器并调节肩带、腰带

图 1-4-7　连好快速接头并锁紧

c. 逆时针旋转打开瓶头阀，此时气体进入管道会听到哨声，观察压力指针在绿色范围（见图 1-4-8）。若在红色区域则表示压力过低，不能使用。

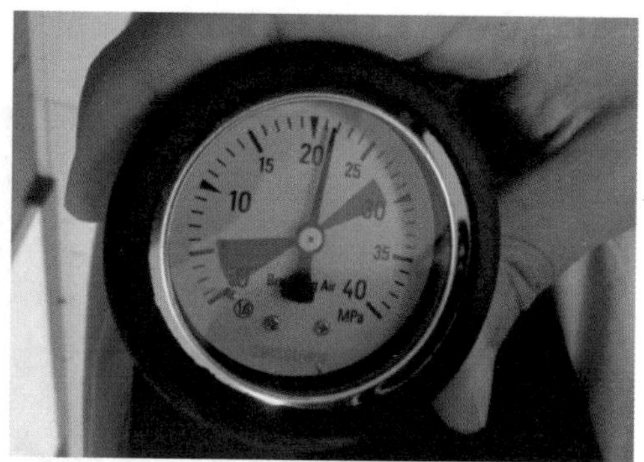

图 1-4-8　打开瓶头阀

d. 佩戴好面罩进行 2～3 次的深呼吸，感觉舒畅，吸气时面罩的进气阀门自动打开，屏气或呼气时进气阀停止供气，无“嗞嗞”的响声（见图 1-4-9）。注意面罩与人的额头、面部要完全贴合并气密，不要有头发等遮挡。若不能靠吸气自动打开面罩阀门及身体不适，应立即取下面罩。

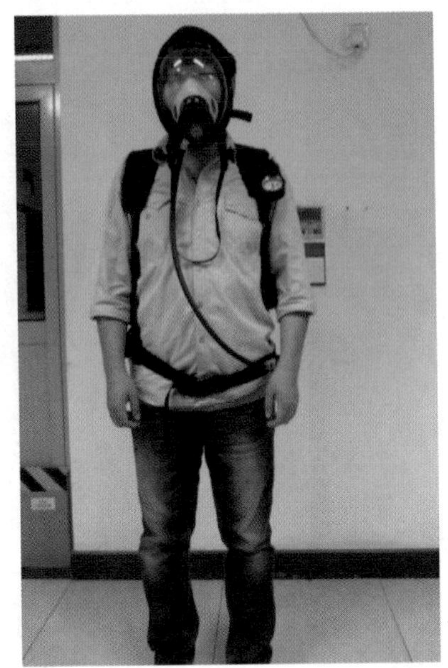

图 1-4-9　佩戴好面罩并进行深呼吸测试

e. 使用过程中若压缩空气即将耗尽，会吹响哨子，此时应尽快远离危险区域。

f. 使用后将面罩取下，注意此时面罩进气阀无法自动关闭，需要用手指按压进气阀红色按钮方能关闭进气阀（见图 1-4-10）。

图 1-4-10　取下面罩并关闭进气阀

g）用手指捏住瓶头阀往上推的同时顺时针旋转关闭瓶头阀（见图 1-4-11）。

图 1-4-11　关闭瓶头阀

h. 用手指按住进气阀的红色按钮，将管道内残余气体放掉，直到压力表指示值降为 0，此时哨子会响一下（见图 1-4-12）。

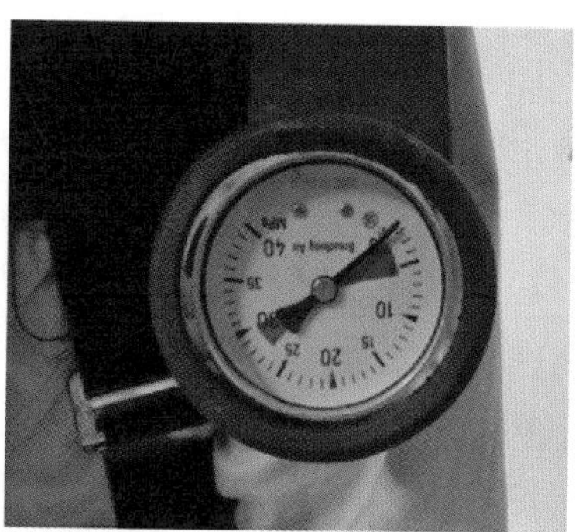

图 1-4-12　放掉管道内残余气体

i. 最后拆除管道，注意拆除快速接头时，细的接头往里推，同时粗的接头护套往外拉，即可取下接头（见图 1-4-13）。

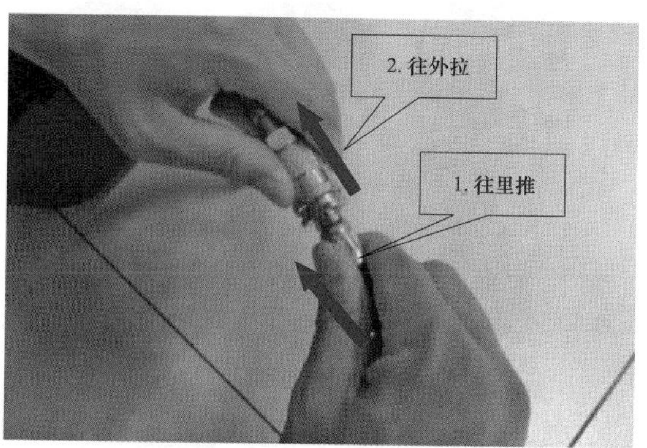

图 1-4-13　拆除快速接头

2）防护服。查看防护服的摆放是否正确，防护服处于备用状态时，防护靴应套在裤管内，防护衣服和头盔摆放在裤子和靴子的上方，方便队员使用时快速穿戴（见图 1–4–14）。

图 1–4–14　防护服摆放示例

1）检查队员防护服的穿戴顺序是否符合要求：首先穿防护服的靴子和裤子，将裤子的背带穿戴上肩后，再戴头盔，然后穿戴防护衣，最后戴手套。队员穿齐整套防护服所需时间不应大于 1min。

2）检查队员防护服穿戴是否到位：头盔帽带应卡扣在脖子上，佩戴完成后不应出现头盔侧歪、松动等现象；防护服的拉链应拉至上止位置，拉链外的粘条应粘贴整齐；腰带应卡扣牢固、贴身，不应松散耷拉在腰上；防护裤的裤管应包裹在防护靴外，不能将裤管塞进靴子内。

防护服穿戴示例见图 1–4–15。

图 1–4–15　防护服穿戴示例

3）对讲机。

1）对照微型消防站装备清单，查看对讲机设置数量是否符合要求。

2）查看对讲机外观是否完好，检查外壳是否有裂痕，天线是否在位等。

3）检查电讲机存电是否充足，现场能否正常开启对讲机。

4）每个单位的对讲机都设有一个固定的应急频道，可以要求队员打开多个对讲机进行测试。核实抽查队员讲述是否准确。

（5）现场模拟灭火演练（见图 1-4-16）。准备好计时工具，在建筑内的某个楼层按下手动报警按钮或触发火灾探测器报警，与此同时开始计时，观察微型消防站出动情况。具体如下：

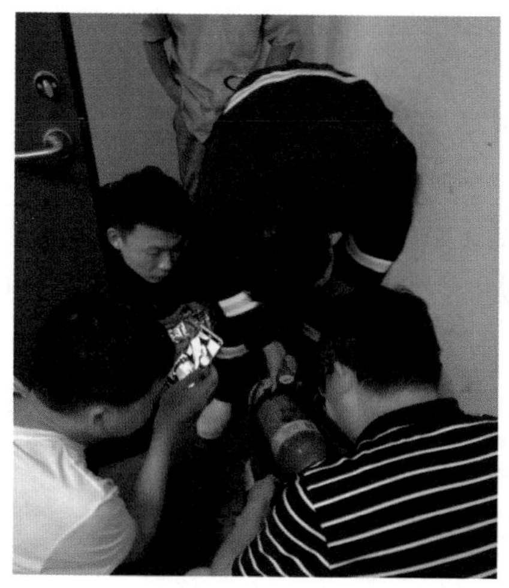

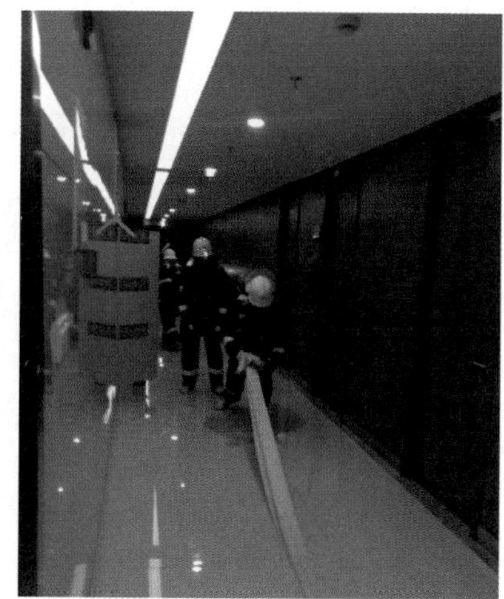

图 1-4-16　灭火演练现场

1）记录第一批确认火灾人员到达现场所需时间是否小于 1min。

2）待确认火灾人员到达现场后，告之“这里已经起火，要求他启动微型消防站应急预案”。

3）启动预案后，记录第二批消防队员到达现场所需时间是否小于 3min。

4）观察消防队员到达现场后的处置措施与微型消防站的预案内容是否相符，各队员之间分工是否明确，对楼层室内消火栓的布置位置是否清晰，对设施器材的使用是否娴熟。

5）查看到达现场的消防队员装备穿戴是否齐全。如头套、防护服、防护靴、空气呼吸器等。

1.4.4 消防教育、培训情况

（1）查看单位员工消防教育、培训记录。翻看单位最近两次的消防教育、培训记录，查看进行培训的频率是否能做到每年不少于一次，培训内容是否涵盖以下内容：

1）有关消防法规、消防安全制度和保障消防安全的操作规程。

2）本单位、本岗位的火灾危险性和防火措施。

3）有关消防设施的性能、灭火器材的使用方法。

4）报火警、扑救初期火灾以及自救逃生的知识和技能。

公众聚集场所对员工的消防安全培训应当至少每半年进行一次，培训的内容还应当包括组织、引导在场群众疏散的知识和技能。

（2）查看消防教育培训记录。消防教育培训记录应包含时间、地点、参与人员、主要培训内容等，并应辅以现场照片。签到人员、数量应包含全体员工。

（3）员工消防素质检查。现场随机抽查单位员工，核实其培训内容的掌握情况。如本岗位的火灾危险性有哪些，灭火器的使用方法，发生火灾后如何报警、如何疏散逃生等。

公众聚集场所的员工还应抽查其在火灾时如何组织、引导在场群众疏散的知识和技能。

1.4.5 消防工作报告备案情况

1.“三项”报告备案制度

“三项”报告备案制度是巩固社会单位消防安全管理、全面落实重点单位消防安全主体责任、推进消防工作社会化采取的一项制度。具体内容如下：

（1）消防安全管理人员报告备案。

1）消防安全重点单位依法确定的消防安全责任人、消防安全管理人、专（兼）职消防管理员、消防控制室值班操作人员等，自确定或变更之日起5个工作日内，向当地消防救援机构报告备案，确保消防安全工作有人抓、有人管。

2）消防安全责任人、消防安全管理人要切实履行消防安全职责，接受消防救援机构的业务指导和培训，落实各项消防责任，全面提高本单位消防安全管理水平。

（2）消防设施维护保养报告备案。

1）设有建筑消防设施的消防安全重点单位，应当对建筑消防设施进行日常维护保养，并每年至少进行一次功能检测；不具备维护保养和检测能力的消防重点单位应委托具有资质的机构进行维护保养和检测，保障消防设施完整好用。消防重点单位要将维护保养合同、维保记录、设备运行记录每月向当地消防救援机构报告备案。

2）提供消防设施维护保养和检测的技术服务机构，必须具有相应等级的资质，并自签订维护保养合同之日起 5 个工作日内向当地消防救援机构报告备案。

（3）消防安全自我评估报告备案。

1）对于消防安全重点单位的消防安全管理情况，应每月组织一次自我评估，评估发现的问题和薄弱环节要及时整改。

2）评估情况应自评估完成之日起 5 个工作日内向当地消防救援机构报告备案，并向社会公开。

2. 消防工作报告备案检查方法

查看单位三项报备工作记录，并对以下内容进行核实：

（1）查看消防安全责任人、消防安全管理人、专（兼）职消防管理员、消防控制室值班操作员等人员的报备内容与事实情况是否相符。人员如有变更，单位是否及时进行报备。

（2）查看消防设施的维护保养合同、维保记录、设备运行记录是否做到每月向当地消防救援机构进行报告备案；与提供消防设施维护保养和检测技术服务机构签订的委托合同是否进行了报备。

（3）查看有关消防安全“四个能力”建设的自我评估记录，核实评估发现的问题是否进行了整改。相关工作是否进行了报备。

（4）查看单位是否能每年进行一次消防安全评估，核实评估报告是否进行了报备。

1.4.6　楼宇小型临时施工现场消防安全管理

1. 施工现场消防安全管理要求

（1）施工现场的消防安全管理应由施工单位负责。

（2）施工单位应针对施工现场可能导致火灾发生的施工作业及其他活动，制

订消防安全管理制度。

（3）施工单位应编制施工现场防火技术方案，并应根据现场情况变化及时对其修改、完善。

（4）施工单位应编制施工现场灭火及应急疏散预案。

（5）施工人员进场时，施工现场的消防安全管理人员应向施工人员进行消防安全教育和培训。

（6）施工作业前，施工现场的施工管理人员应向作业人员进行消防安全技术交底。

（7）施工过程中，施工现场的消防安全负责人应定期组织消防安全管理人员对施工现场的消防安全进行检查。

（8）对可燃物及易燃易爆危险品进行管理。

1）可燃材料及易燃易爆危险品应按计划限量进场。

2）室内使用油漆及其有机溶剂、乙二胺、冷底子油等易挥发产生易燃气体的物资作业时，应保持良好通风，作业场所严禁明火，并应避免产生静电。

3）施工产生的可燃、易燃建筑垃圾或余料，应及时清理。

（9）对施工现场用火、用电进行管理。

1）用火管理。

a. 施工现场需进行动火作业的，应先办理动火工作票，同时核实动火操作人员的资格。

b. 动火作业前，应对作业现场的可燃物进行清理或者采取隔离保护措施。

c. 动火作业时，应采取可靠的防火措施。严禁直接在裸露的可燃材料上进行动火作业。焊接、切割、烘烤或加热等动火作业应配备灭火器材，并应设置动火监护人进行现场监护。

d. 动火作业后，应对现场进行检查，并应在确认无火灾危险后，动火操作人员再离开。

e. 具有火灾、爆炸危险的场所严禁明火、施工现场不应采用明火取暖。

2）用电管理。

a. 施工现场使用的电气线路应具有相应的绝缘强度和机械强度，严禁使用绝缘老化或失去绝缘性能的电气线路。

b. 电气设备与可燃、易燃易爆危险品和腐蚀性物品应保持一定的安全距离。普通灯具与易燃物的距离不宜小于300mm，聚光灯、碘钨灯等高热灯具与易燃物的距离不宜小于500mm。

c. 有爆炸和火灾危险的场所，应按危险场所等级选用相应的电气设备。可燃材料库房不应使用高热灯具，易燃易爆危险品库房内应使用防爆灯具。

d. 电气设备不应超负荷运行或带故障使用。

e. 严禁私自改装现场供用电设施。

（10）其他防火管理。

1）施工现场的重点防火部位或区域应设置防火警示标识。

2）施工现场的疏散通道、安全出口应保持畅通，不得遮挡、挪动疏散指示标识，不得挪用消防设施。

3）施工现场严禁吸烟。

2. 施工现场消防安全管理检查方法

施工现场消防安全管理应从以下几个方面进行检查：

（1）查看施工单位是否建立了消防安全管理组织机构，各方的管理职责是否明确。

（2）查看施工单位是否制订了防火技术方案与应急预案，方案及预案内容与现场实际情况是否相符。

（3）抽查现场施工人员，询问该人员在进场施工前分别进行过哪些消防安全教育培训，对施工现场的火灾危险性是否知悉。

（4）检查动火作业点周边是否堆放有可燃物，对于动火期间无法搬离的可燃物，是否采取了相应的防火措施。现场临时配置的灭火器材是否完好有效，各类物品摆放是否堵塞、占用了疏散通道或安全出口。

（5）查看动火作业前是否办理过动火工作票，动火操作人员是否具备动火资格，每个动火点是否都设有现场监护人（见图 1–4–17），抽查现场作业人员对配置的灭火器材的使用情况。

图 1–4–17　动火作业现场正确示例

1.5 消防重点部位检查方法

本节引用了 GB 50016—2014《建筑设计防火规范（2018 年版）》中的第 6、10 章、GB 50222—2017《建筑内部装修设计防火规范》中的第 5 章、GB 50116—2013《火灾自动报警系统设计规范》中的第 3 章、GB 50058—2014《爆炸危险环境电力装置设计规范》中的附录等国家相关技术规范的相关内容。

1.5.1 消防控制室

（1）附设在建筑内的消防控制室，应设在首层或地下一层。消防控制室与建筑内的其他场所应采用耐火极限不低于 2h 的防火隔墙和耐火极限不低于 1.5h 的楼板进行分隔，隔墙上需要开门时，应为向疏散方向开启的乙级防火门。

（2）消防控制室的疏散门应能直接通往室外，或通往与安全出口直接相连的走道（如图 1–5–1）。

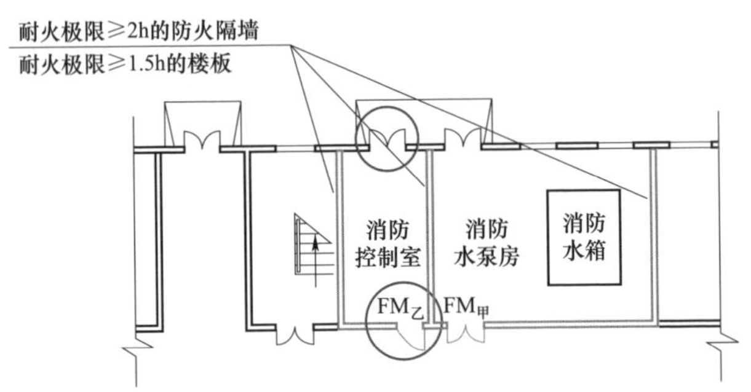

图 1–5–1 消防控制室的门开向室外或与安全出口直接相连的走道

（3）消防控制室不应设置在电磁场干扰较强及其他影响消防控制室设备正常运行的房间附近（如图 1–5–2）。

（4）消防控制室内应设有应急照明，应急照明灯的亮度，应能保证主机面板、图形显示装置等作业面的最低照度不低于正常照明的照度。

（5）消防控制室的顶棚和墙面应采用不燃材料装修，地面及其他装修应采用阻燃或不燃材料装修，地板应为防静电地板，不应采用普通水泥地面或瓷砖地板（见图 1–5–3）。

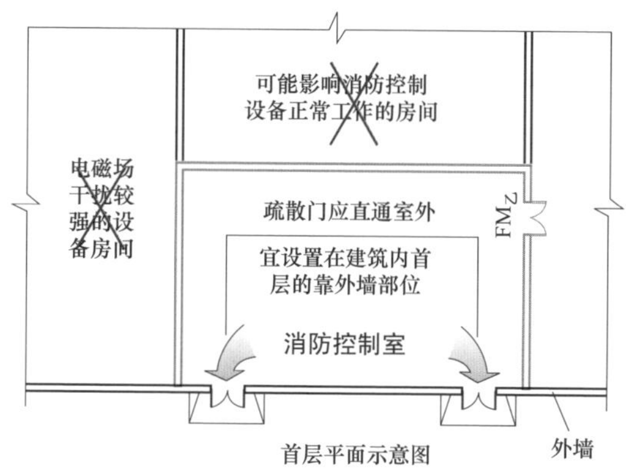

图 1-5-2　消防控制室平面布置示意图

图 1-5-3　消防控制室地板应为防静电地板

（6）消防控制室内严禁穿过与消防设施无关的电气线路及管路。

（7）消防控制室内设备的布置应符合下列规定：

1）设备面盘前的操作距离，单列布置时不应小于 1.5m；双列布置时不应小于 2m（见图 1-5-4）。

2）在值班人员经常工作的一面，设备面盘至墙的距离不应小于 3m。

3）设备面盘后的维修距离不宜小于 1m。

4）设备面盘的排列长度大于 4m 时，其两端应设置宽度不小于 1m 的通道。

5）与建筑其他弱电系统（如安防控制室）合用的消防控制室内，消防设备应集中设置，并应与其他设备间有明显间隔（见图 1-5-5）。

（8）消防控制室应 24h 有人值班，值班人员应持证上岗。如安装了远程监控，可 1 人值班。值班人员应能熟练操作报警主机。控制室内应建立消防值班记录，值班记录内容与事实情况应相符。

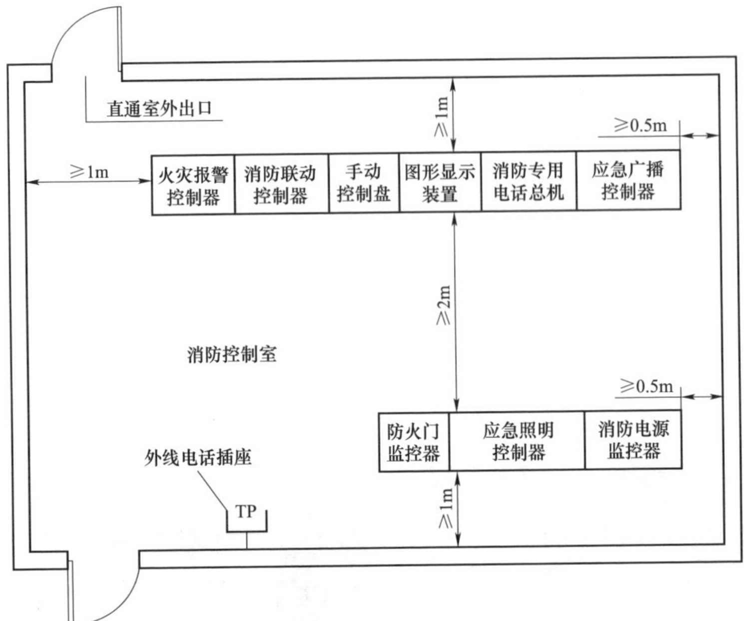

图 1-5-4　设备双列布置的消防控制室布置图

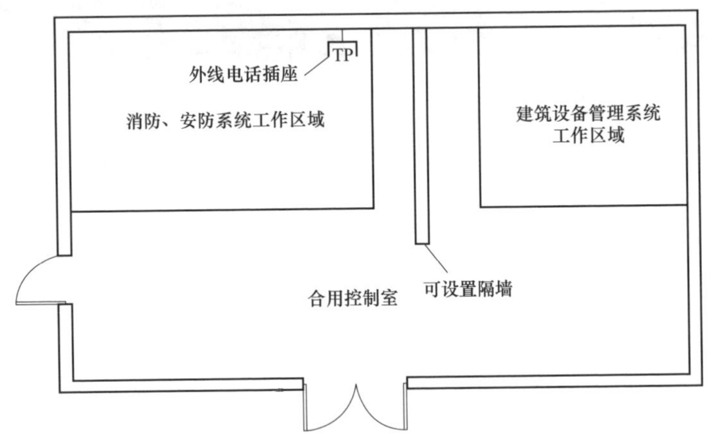

图 1-5-5　消防控制室与安防监控室合用的布置图

1.5.2　消防水泵房

（1）附设在建筑内的消防水泵房，应采用耐火极限不低于 2h 的防火隔墙和耐火极限不低于 1.5h 的楼板与其他部位分隔（见图 1-5-6）。

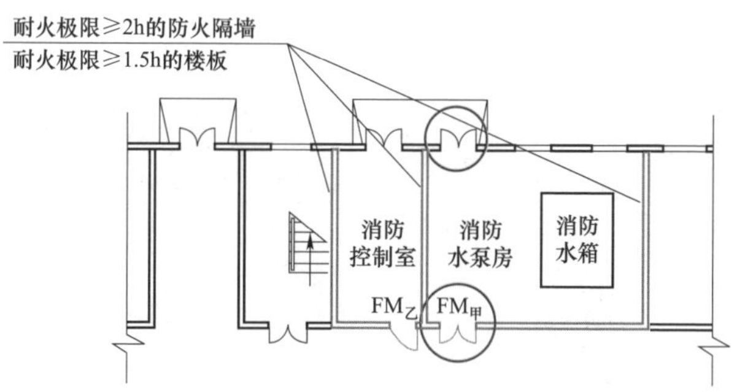

图 1-5-6　消防水泵房防火分隔示意图

（2）水泵房的疏散门应直通安全出口或直通安全出口的疏散走道，开向疏散走道的门应为甲级防火门。

（3）水泵房不应设置在了地下三层及以下楼层，不应设置在室内外出入口地坪高差大于 10m 的地下楼层（若建筑设计时间晚于 2014 年 10 月 1 日，则无此项要求）。

（4）水泵房内主通道宽度不应小于 1.2m，并应设有排水设施。

（5）水泵房内应设有应急照明，应急照明灯的亮度，应能保证水泵控制柜等作业面的最低照度不低于正常照明的照度。

（6）水泵房内应设有消防电话，消防电话应能与消防控制室正常联络。

（7）消防水泵房内设有消防水泵操作规程、报警阀组操作规程等（见图 1-5-7）。

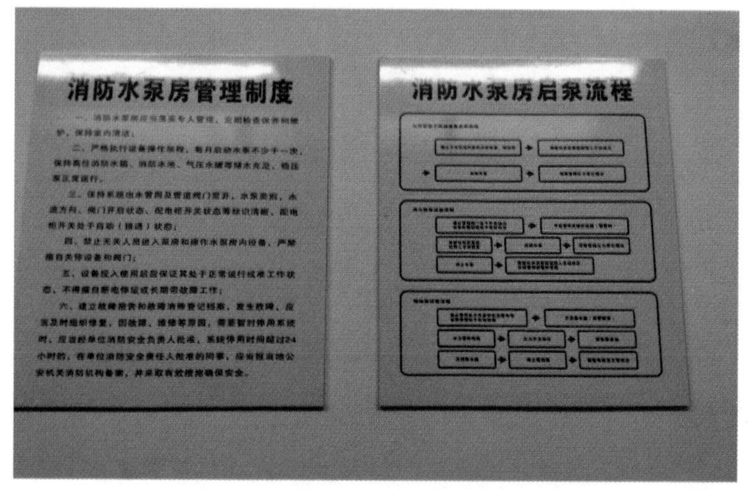

图 1-5-7　消防水泵房内张贴有操作规程

（8）通风管道穿越水泵房时，穿越处的管道上应设有防火阀（见图 1–5–8）。

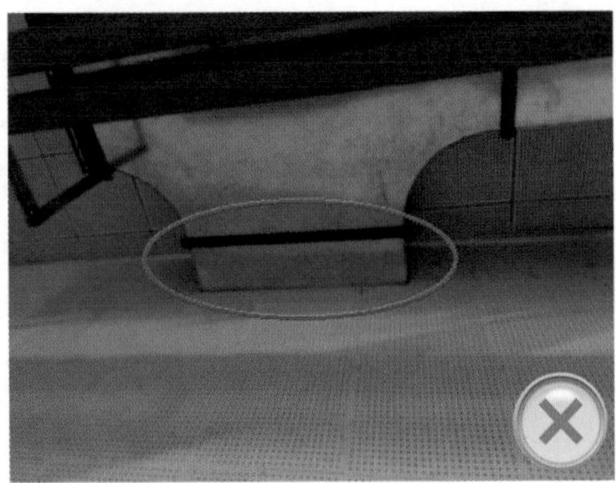

图 1–5–8　管道穿越水泵房处应安装防火阀

1.5.3　厨房

（1）厨房区域应采用耐火极限不低于 2h 的防火隔墙与其他区域进行分隔（见图 1–5–9）。墙壁应从地面砌筑到楼板，不能仅砌筑到吊顶。

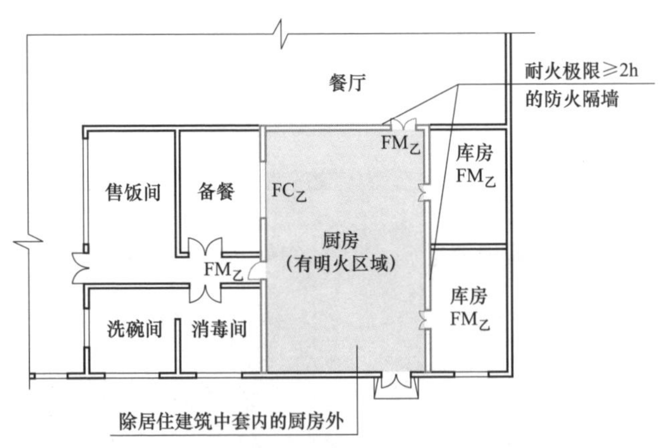

图 1–5–9　厨房防火分隔示意图

（2）厨房区域与非厨房区域之间开设的门、窗应为乙级防火门、窗或相同耐火等级的防火卷帘，门应向疏散方向开启。

（3）厨房内高温区域采用的洒水喷头玻璃球颜色应为绿色（见图 1–5–10）。

图 1-5-10　绿色洒水喷头

（4）厨房内燃气燃油管道、仪表、阀门必须定期检查，抽烟罩应及时擦洗，烟道每季度应清洗一次。

（5）餐厅建筑面积大于 1000m^2 的餐馆或食堂，其烹饪操作间的排油烟罩及烹饪部位应设置厨房设备灭火装置，并应在燃气或燃油管道上设置与自动灭火装置联动的自动切断装置（见图 1-5-11）。

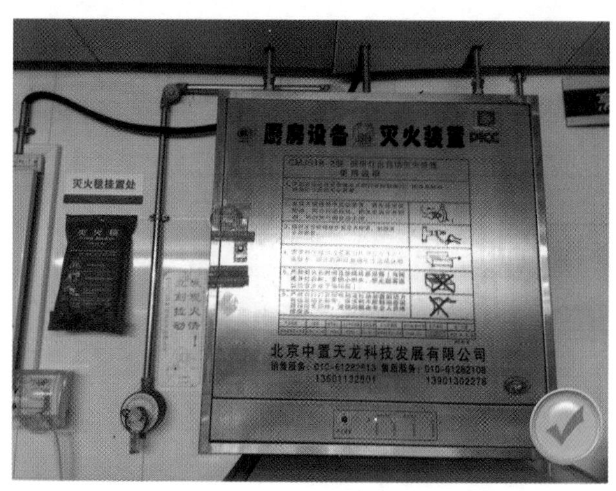

图 1-5-11　厨房设备灭火装置

（6）厨房内可能散发可燃气体、可燃蒸气的部位应设置可燃气体报警装置。厨房内常用的燃料有天然气、液化石油气。天然气属于比空气轻的燃气，液化石油气属于比空气重的燃气，在检查燃气浓度检测报警器时，应注意二者的区分：当检测比空气轻的燃气时，检测报警器与燃具或阀门的水平距离不得大于 8m，安装高度应距顶棚 0.3m 以内，且不得设在燃具上方；当检测比空气重的燃气时，检测报警器与燃具或阀门的水平距离不得大于 4m，安装高度应距地面 0.3m 以内（见图 1-5-12）。

图 1-5-12　使用液化石油气的厨房，可燃气体探测器应安装于房间下部

（7）可燃气体探测器应接入可燃气体报警控制器（见图 1-5-13），再由可燃气体报警控制器接入火灾自动报警系统。

图 1-5-13　可燃气体报警控制器

1.5.4　配电室、机房

（1）配电室位于高度低于 24m 的建筑首层时，通往相邻房间或过道的门应为乙级防火门，其他情况下，配电室通往相邻房间或过道的门应为甲级防火门。配电室直接通向室外的门应为丙级防火门。

（2）通风空调机房应采用耐火极限不低于 2h 的实体墙与其他部位分隔，机房开向建筑内的门应为甲级防火门（见图 1-5-14）。

（3）设置了气体灭火系统的机房或配电室，当其地板为非格栅地板且地板下方存在较多电缆时，应在地板下设置感温电缆和气体喷头。

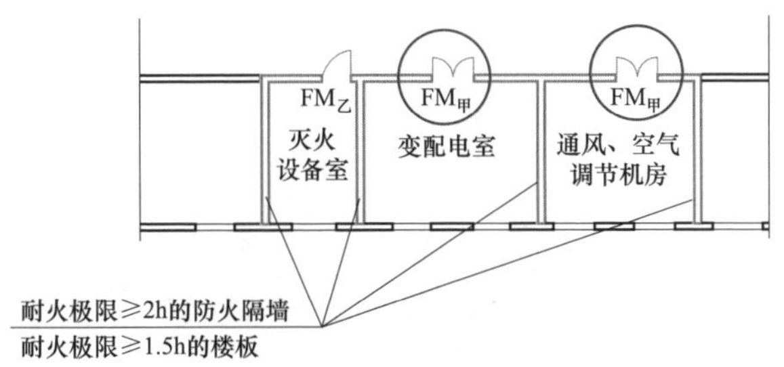

图 1-5-14　变配电房、机房防火分隔示意图

1.5.5　液化石油气储瓶间

（1）采用瓶装液化石油气瓶组供气的建筑，应设置独立的瓶组间。

（2）瓶组间不应与住宅建筑、重要公共建筑和高层公共建筑贴邻。液化石油气气瓶的总容积不大于 $1m^3$ 的瓶组间允许与其所服务的建筑贴邻时，但应采用自然气化方式供气（见图 1-5-15）。

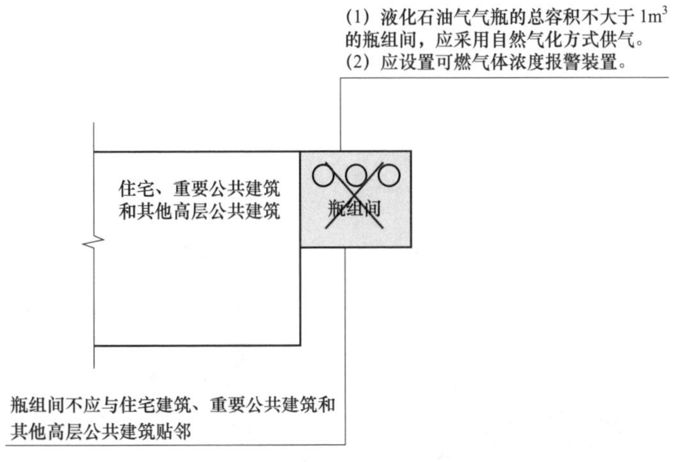

图 1-5-15　液化石油气瓶组间平面布置示意图

（3）与建筑贴邻建造的瓶组间应采用实体墙砌筑，耐火等级不应低于二级。瓶组间应通风良好，并设有直通室外的门，与其他房间相邻的墙应为无门窗洞口的防火墙。

（4）液化石油气属于易燃易爆物品，其储瓶间内所采用的电气设备均应为防爆型设备，查看设备铭牌，应有“Ex”标志（见图 1-5-16）。

（5）瓶组间内电气线路应穿钢管敷设，不应有裸露电线和不具备防爆性能的普通开关、插座（见图 1-5-17）。

防爆铭牌	Ex 防爆接线箱 Ex 型号 BJX 额定电压 220V 防爆标志 ExdⅡCT6 Gb 额定电流 20A 防爆合格证编号 CNEx14.0493 IP 65 出厂编号 1708998 2017 年 08 月 南阳中天防爆电气有限公司 严禁带电开盖!	
防爆标志	Ex	防爆电气设备标识
	d	隔爆外壳
	Ⅱ	爆炸性气体环境用设备
	C	氢气环境
	T6	气体引燃温度>85℃
	Gb	设备保护级别

图 1–5–16　设备防爆标识及防爆级别方式

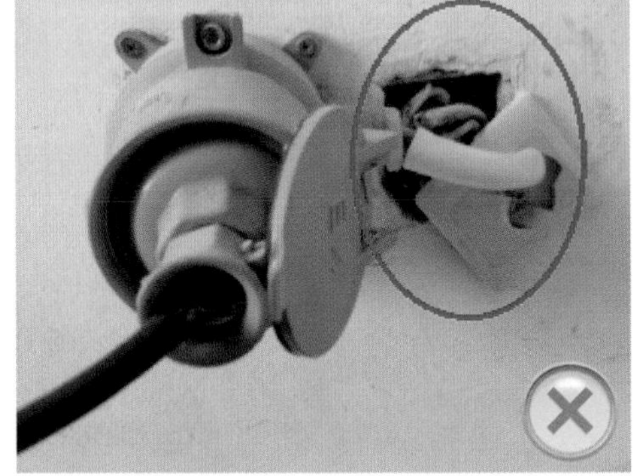

图 1–5–17　瓶组间内电气线路穿钢管敷设，采用防爆空调和防爆配电箱

（6）瓶组间应在总进气管道、总出气管道上设有紧急事故自动切断阀。

（7）瓶组间应设置可燃气体浓度报警装置（见图 1–5–18）。

（8）瓶组间内的地板应采用不发火花地面。

（9）应在液化石油气瓶组间外便于取用处按建筑面积每 50m^2 设置 8kg、1 具的标准配置干粉灭火器，且每个房间不少于 2 具，每个设置点不超过 5 具。

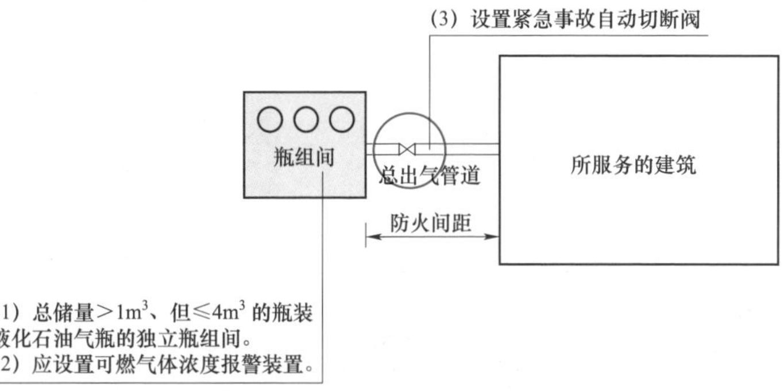

图 1–5–18　气瓶间设置可燃气体浓度报警装置

（10）瓶组间事故通风量每小时不应少于 12 次。采用自然通风时，通风口不少于 2 个，通风口总面积按每平方米地面面积不少于 300cm² 计算，且应靠近地面设置。

1.5.6　电池间

（1）电池间应采用实体墙与建筑内的其他场所进行分隔。

（2）电池间开向建筑内走道和其他场所的门应为乙级防火门。

（3）电池间内的线路应穿钢管敷设，不应使用 PVC 槽盒，不应有裸露线头（见图 1–5–19）。

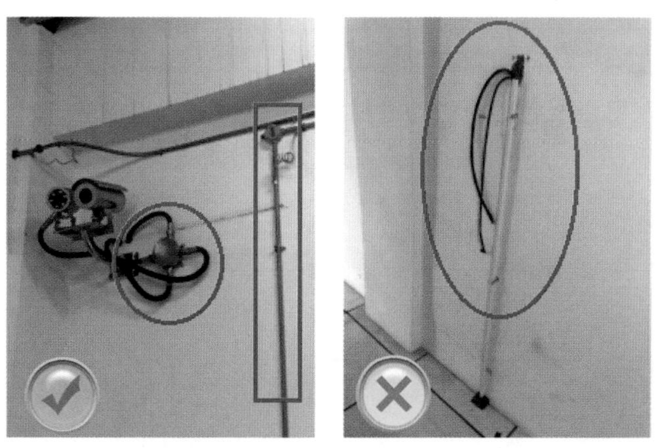

图 1–5–19　电池间内的线路穿入钢管，接线处使用防爆接线盒

（4）线路、管道穿墙处应采用防火泥等防火封堵材料封堵严密。

（5）电池间内不应设置开关，设置的插座应为防爆插座（见图 1–5–20）。

（6）电池间内设置的照明灯具、空调、火灾探测器、排风扇等应为防爆产品，且防爆等级应不低于ⅡC 级。

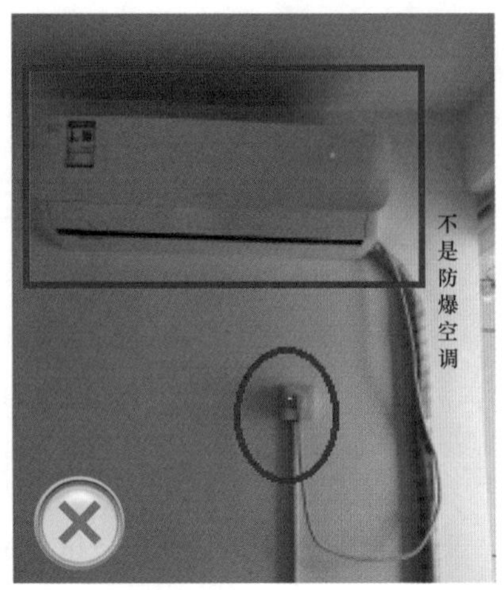

图 1–5–20　电池室内使用的插座应为防爆插座

（7）当电池间内通风良好（设有主、备风机，通风量满足 6 次/h，可视为通风良好），电池间内的电气设备除风机外，可不作防爆要求。

（8）电池间内应设置感烟探测器，可燃气体报警探测器，建议选用声光警报型报警器。

1.5.7　柴油发电机房

（1）柴油发电机房应布置在首层或地下一、二层。

（2）柴油发电机房与建筑内的其他场所应采用耐火极限不低于 2h 的防火隔墙和 1.5h 的楼板进行分隔，隔墙上的门应为甲级防火门（见图 1–5–21）。

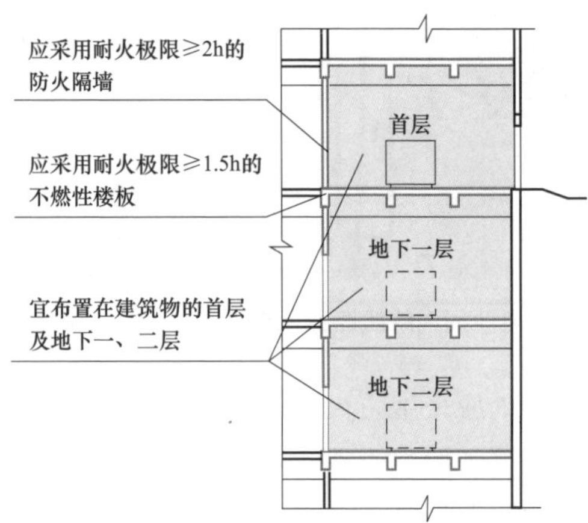

图 1–5–21　柴油发电机房防火分隔示意图

（3）柴油发电机房不应布置在人员密集场所，如营业厅、观众厅、礼堂等的上一层、下一层或与其贴邻（见图 1–5–22）。

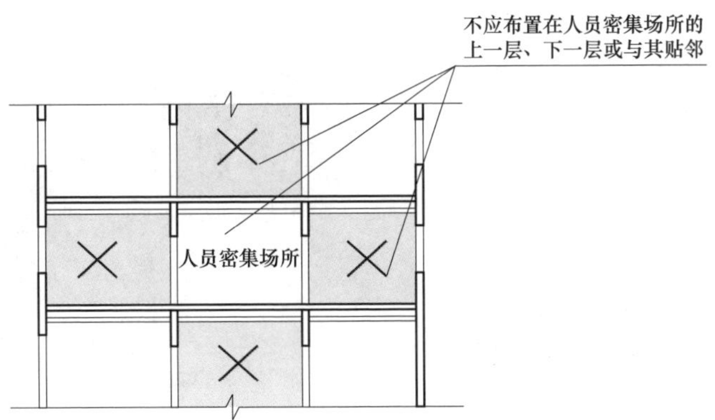

图 1–5–22　柴油发电机房平面布置示意图

（4）柴油发电机房储油间的储油量不应大于 $1m^3$，储油间应采用耐火极限不低于 3h 的防火隔墙与发电机分隔，隔墙上的门应为甲级防火门（见图 1–5–23）。

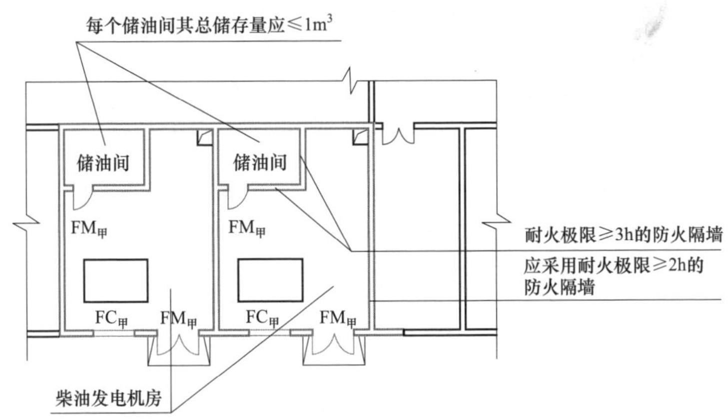

图 1–5–23　柴油发电机房及其储油间防火分隔示意图

（5）柴油发电机房应设有火灾报警装置和灭火设施。

（6）进入建筑前和设备间内的燃料供给管道上应设置有自动和手动切断阀（见图 1–5–24）。

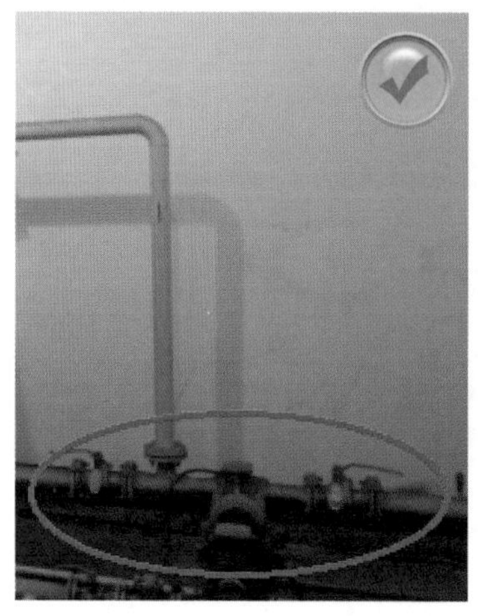

图 1-5-24　进入设备间内的燃料供给管路上设有手动、自动切断阀

（7）储油箱应密闭且设有通向室外的通气管，通气管上应设有阻火器。油箱底部应设有防止油品流散的设施（见图 1-5-25）。

图 1-5-25　门口砌筑门槛，防止油品流散

（8）通风管道穿越柴油发电机房时，穿越处的管道上应设有防火阀。

1.5.8　锅炉房

（1）锅炉房应设在首层或地下一层靠外墙部位，常压锅炉或负压锅炉可设置在地下二层或屋顶（见图 1-5-26）。

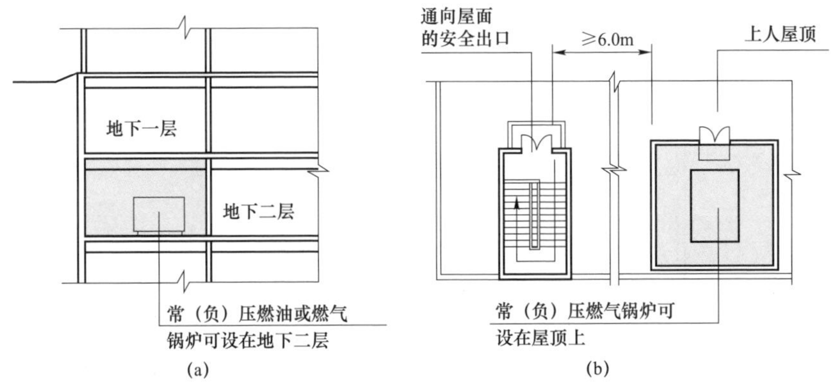

图 1-5-26　锅炉房防火分隔示意图

（a）剖面示意图；（b）屋顶平面示意图

（2）锅炉房不应布置在人员密集场所，如营业厅、观众厅、礼堂等的上一层、下一层或与其贴邻（见图 1-5-27）。

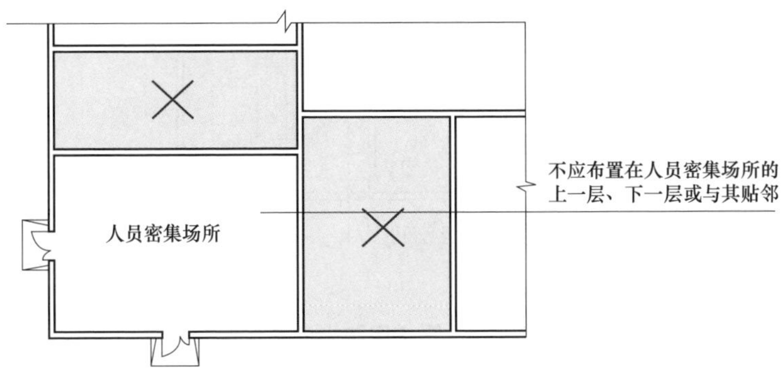

图 1-5-27　锅炉房平面布置示意图

（3）锅炉房与建筑的其他部位应采用不低于 2h 的防火隔墙与 1.5h 的楼板进行分隔，隔墙上的门应为甲级防火门（见图 1-5-28）。

（4）锅炉房应设有自然通风或机械通风设施。燃气锅炉房应选用防爆型的事故排风机（见图 1-5-29）。

（5）当采取机械通风时，机械通风量应符合下列规定：

1）燃油锅炉房的正常通风量换气次数不应少于 3 次/h，事故排风量换气次数不应少于 6 次/h。

2）燃气锅炉房的正常通风量换气次数不应少于 6 次/h，事故排风量换气次数不应少于 12 次/h。

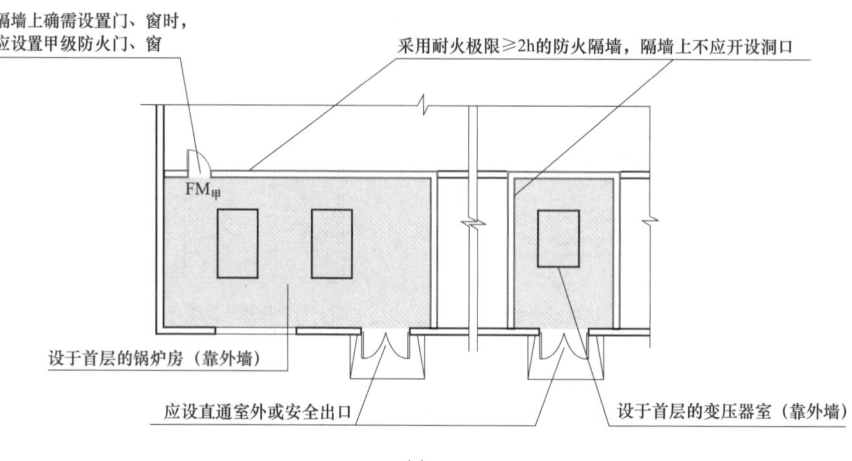

(a)

(b)

图 1–5–28　锅炉房防火分隔示意图

（a）锅炉房、变压器室确需布置在民用建筑内首层；（b）锅炉房、变压器室确需布置在民用建筑内地下层

图 1–5–29　燃气锅炉房应采用防爆型的事故排风机

（6）锅炉房内应设有灭火设施，燃气锅炉房设置燃气报警装置，探头应装设在房间上部。

（7）通风管道穿越锅炉房时，穿越处的管道上应设有防火阀。

1.5.9　电动自行车停放场所

（1）已建单位未建设电动自行车集中停放场所的，应当划设相对集中的电动车停放区域。电动车停放区域应当按照规划用途使用，不得擅自停用或者改变用途。

（2）应在电动自行车停放场所、区域设置符合国家标准的限时充电设施。

（3）禁止在建筑物的疏散通道、安全出口、楼梯间、消防车道等影响消防通道畅通的区域停放电动自行车（见图 1–5–30）。

图 1–5–30　电动自行车集中停放，停放区设有限时充电装置

（4）电动自行车应当避免在非集中充电的室内场所充电。

（5）为电动自行车充电的线路应由取得资格的电工安装并固定铺设，不应私拉乱接电源线路（见图 1–5–31）。

图 1–5–31　电动自行车充电线路安装规范，不应私拉乱接电源线路进行充电

（6）应在电动自行车停放与充电区域附近设置易于取用的灭火设施，如灭火器、灭火毯等（见图 1-5-32）。

图 1-5-32　电动自行车充电区应设有灭火设施

（7）应定期对电动自行车充电设施和蓄电池的电气线路进行检查与维护，防止线路出现老化、短路等现象。

第2章
后勤典型场所检查要点

2.1 本 部 大 楼

本部大楼是某一地区电力调度、负荷控制预报、配电网调度、微波通信的控制中心。作为集生产调度、科研、经营服务、机关办公与后勤保障于一体的综合性建筑，本部大楼往往呈现出体量大、用途广、建设标准高、火灾危险性大的特点，一旦失火，有可能造成较为严重的社会和经济的影响。因此本部大楼被列为消防安全重点单位。

本部大楼主要的消防重点部位有：消防控制室、消防水泵房、调度值班室、微型消防站、气体灭火系统气瓶间、信息机房、厨房等。需要注意的是，本部大楼中的一些部位涉及多个职能部门，在进行消防巡查检查时，需与相关部门做好沟通配合，促进工作顺利开展。

2.1.1 本部大楼的特点

1. 结构复杂

（1）建筑主体高、层数多。国内多个本部大楼高度超百米，着火后扑救困难，火势不容易控制。

（2）形式与结构多样。形式有四方形、塔形、凹形、人形等。结构体系有框架、剪刀墙筒体等。

（3）竖井、管道多。电梯井、电缆井、楼棉井、管道井等，有排风管、水管、电线管道等。

（4）楼内设有调度值班室、通信机房、自动化机房、网络机房、UPS 室，还有变压器室、配电室等，设备繁杂且贵重。

（5）各类常用用电设备多。如大量照明灯具、电冰箱、电热水器、电视机、电梯、自动空调、自动窗帘等。

2. 功能多样

因调度楼中调度通信中心与管理机关办公合用，具有通信会议、科研、财会等多种功能。其间有办公室、会议室、卧室、图书室、档案室、变（配）电室、厨房、餐厅、机房、车库等，人员出入频繁、往来密集。

3. 火灾荷载大

（1）高层建筑内可燃装饰材料多，如可燃材料吊顶、墙布、墙纸、窗帘等。

有些管道、电缆的隔热材料也是可燃材料。这些材料在燃烧过程中能释放出大量的热和可燃气体，并带有毒性的烟气，威胁人们安全。同时能加快燃烧速度，甚至有时会发生爆燃。

（2）室内陈设的可燃物品多。如化纤地毯、壁毯、挂画及床、沙发、桌椅等办公生活用品。

2.1.2　重点场所分析

在对本部大楼进行消防巡查检查时，除常规检查内容外，还要结合建筑特点，对一些特别重要的场所加以重点关注。

1. 调度中心

调度中心是对多条线路进行综合调度的控制中心，它根据电力系统当前运行状况和预计的变化进行判断、决策和指挥，对电网的安全、优质、经济运行有着至关重要的意义。因此，必须对其消防安全引起高度重视。电力调度中心一般面积较大，设有显示概况电网的模拟盘和调度台，在调度台上放置着计算机和调度通信机，在电力调度室地板下和调度台下，铺设着大量的通信线和电力电缆，连接着各种设备，需要注意防止电气火灾隐患。此外，室内往往还需要存放一些资料和表格，这些都大大增加了调度室发生火灾的危险性。

调度室内通常设有火灾自动报警系统、气体灭火系统、手提式二氧化碳灭火器等消防设施，需对其进行重点检查，确保功能完好。

2. 机房

本部大楼内往往设有数量较多的机房。机房的用电量大，过负荷状态下容易引发积热、打火等现象，酿成电气火灾。长期高负荷运转状态下，电气线路绝缘保护层的高温老化问题较为突出，容易形成阴燃。此外，机房内的仪器较为精密，工作时对环境的温度、湿度及洁净度要求较高，故大多数机房内空间较为密闭，一旦发生火灾，烟气无法通过窗户排出，大量积聚在室内，往往导致设备损坏，数据丢失，带来较大的经济损失。

机房内通常设有火灾自动报警系统、气体灭火系统、手提式二氧化碳灭火器等消防设施，需对其进行重点检查，确保功能完好。

3. UPS 电源室

UPS 是一种含有储能装置的不间断电源，主要用于给部分对电源稳定性

要求较高的设备提供持续稳定的电源。它将蓄电池与主机相连接，通过主机逆变器等模块电路将直流电转换成市电。由于蓄电池充、放电和运行时会有少量的氢气逸出，氢气与空气中的氧气混合，当氢氧混合物浓度达到爆炸极限时，遇明火或火星就会发生爆炸。因此，为了防止氢气发生爆炸对人身安全和设备安全造成危害，蓄电池室内不得装设开关、插座，并应采用防爆型电器。

机房内通常设有火灾自动报警系统、防爆风机等消防设施。值得注意的是，在对 UPS 电源室进行检查时，还应着重加强对电气设备防爆性能和消防安全管理的检查。

4. 地下汽车库

随着经济的不断发展，地下汽车库的发展非常迅速，不仅面积不断扩大，结构也日趋复杂。地下汽车库与地上空间相比具有特殊性，不但其火灾引发因素远远多于地上空间，如车辆自燃、油气泄漏等，而且具有发烟量大、火场温度高、泄爆能力差、人员疏散困难、扑救困难等特点。一旦不能有效的预防和控制火灾的发生和蔓延，将给人们的生命和财产造成严重的损失。近年来，随着电动汽车的不断推广，部分地下汽车库还新建了充电桩，这就对地下汽车库的电气火灾隐患防治工作提出了更高的要求。

地下汽车库通常设有火灾自动报警系统、自动喷水灭火系统、防排烟系统、应急照明与疏散指示系统、消防应急广播等。若车库内安装了机械立体停车设施和充电桩，还应着重加强对这些部位的巡查与检查。

2.1.3 消防巡查检查方法

（1）绕本部大楼外围一周，检查以下内容：消防车道是否满足要求；是否按规范设置了消防登高操作面和救援窗；是否存在违规改、扩建情况；室外消火栓系统是否完好；水泵结合器是否完好。具体方法参考本书第 1 章第 1.2 节和第 1.3 节。

对于本部大楼，需要在检查过程中特别注意以下内容：

1）本部大楼的高度通常大于 24m，属高层建筑，其消防车道应成环，确有困难时，可沿建筑的两个长边设置消防车道，但需设置回车场，回车场面积不应小于 12m×12m，不宜小于 15m×15m。

2）对于建筑规模较大且临街而建的本部大楼，应注意：若大楼沿街道部分的长度大于 150m，或总长度大于 220m，应设置穿过建筑物的消防车道，确有困难时应设置环形消防车道；若大楼有封闭内院或天井，且大楼临街，应设置连通街道和内院的人行通道（可利用楼梯间连通）。

3）若大楼高度超过 50m，其登高操作场地的长度和宽度应分别不小于 20m 和 10m。但对于设计日期在 2015 年 5 月 1 日前的建筑不做此项要求，只要求高层建筑在其底边至少一个长边或周边长度的 1/4 且不小于一个长边长度内，不布置高度大于 5m、进深大于 4m 的裙房，且在此范围设有直通室外的楼梯或直通楼梯间的出口即可。

（2）进入消防控制室，检查以下内容：消防控制室是否按规范设置；火灾报警控制器及其消防控制室内的其他设备是否正常运行。具体方法参考本书第 1 章第 1.3 节和第 1.4 节。

对于本部大楼，需要在检查过程中特别注意以下内容：

本部大楼由于建筑规模较大，配置的风机数量往往较多。在对消防主机进行检查时，应对其多线控制盘上的风机数量、位置进行记录，以便在此后的检查中全面覆盖，不留缺漏。

（3）进入消防水泵房，检查以下内容：消防水泵房是否按规范设置；消防水池水位是否正常；消防水泵是否正常运行；若在水泵房内设置了稳压设施，稳压泵是否正常运行；报警阀组是否完好无损，压力指示是否正常。具体方法参考本书第 1 章第 1.3 节和第 1.4 节。

对于本部大楼，需要在检查过程中特别注意以下内容：

对于高度较高、楼层较多的建筑，其报警阀组数量较多，且不一定全部设置在消防水泵房内。检查时，要注意观察水泵房内报警阀组上标示的控制区域，弄清全部报警阀组所在的位置。如有设置在水泵房外独立报警阀间内的情况，要进入报警阀间，逐个检查报警阀组的状态，确保全面覆盖，不留缺漏。

（4）对地下室进行检查，内容包括：地下室防火分隔设施是否完好；安全疏散通道是否畅通；电气线路防火措施是否有效；室内消火栓组件是否完好，压力是否正常；洒水喷头是否按规范设置，末端试水装置压力是否符合要求；火灾报警探测器是否正常巡检；防排烟系统是否完好。具体方法参考本书第 1 章第 1.2 节和第 1.3 节。

对于本部大楼，需要在检查过程中特别注意以下内容：

1）对于设置了机械立体停车设施的汽车库，需检查其边墙型喷头安装方向与设置高度是否正确，是否能在爆裂后有效布水（见图 2–1–1）。

图 2–1–1　边墙型喷头安装位置过高

2）对于安装有充电桩的区域，要加强对电气防火的巡查检查。如：发现电缆绝缘层被破坏或被剪断的情况，要及时予以维修；充电桩周边不应有管道漏水等。

3）对于安装了充电桩的地下汽车库，可在其周边配备专用消防设备，如灭火器、疏散应急箱等，以供人员灭火逃生。

4）火灾发生后，消防主机会自动切断相关区域的非消防电源。汽车库位于地下，难以天然采光，且各停车区域外观较为相似，人员在慌乱之中难以辨明方位。因此，必须要对地下汽车库的应急照明及疏散指示系统加以格外重视，可酌情提高对应急照明灯和疏散指示标识灯的抽查频次或抽查比例，确保火灾发生后有效引导人员从火场中逃生。

5）检查过程中，需注意设置在地下的特殊功能用房，如风机房、配电室、电池间等，这些部位的消防检查要点各不相同。具体方法可参考本书第 1 章第 1.4 节对这些部位进行重点检查。

（5）对地上各层进行检查，内容包括：防火分隔设施是否完好；安全疏散通道是否畅通；消防电梯是否正常运行；电气线路防火措施是否有效；室内装修是否符合要求；室内消火栓组件是否完好，压力是否正常；洒水喷头是否按规范设置；火灾报警探测器是否正常巡检；防排烟系统是否完好。具体方法参考本书第 1 章第 1.2 节和第 1.3 节。

对于本部大楼，需要在检查过程中特别注意以下内容：

1）对于层数较多的本部大楼，一次性检查完成所有楼层工作量过于繁重，可将大楼划分为高、中、低三区，每次检查时，在每个区域分别抽查若干楼层，通过数次检查，实现对整幢大楼所有楼层的全面覆盖。

2）检查过程中，需注意设置在建筑内的各类机房以及调度中心，这些部位通常设有气体灭火系统，具体方法应参考本书第 1 章第 1.3 节相关内容，对气体灭火系统进行认真检查。

3）对于设置有较多可燃装饰物（如窗帘、帷幕等）的房间，要加强对电气防火的检查，防止线路、火花等引燃装饰物（见图 2–1–2）。

图 2–1–2　窗帘与监控屏直接接触

4）若大楼采用了钢结构，应对钢结构表面防火涂料进行检查，涂料不应有龟裂或脱离等现象。

（6）对屋面层进行检查，内容包括：安全出口是否畅通；疏散指示标识是否完好有效。

（7）返回消控室，对消防安全管理情况进行检查。具体方法参考本书第 1 章第 1.4 节。

特殊要点：

1）本部大楼为消防重点单位，需要重点检查户籍化档案建立情况。

2）对于特别重要的部位如控制中心、UPS 电源室、信息机房等，需在室外张贴“严禁烟火”标识，着重加强对进出人员的监管，防止有人将香烟或火种带入室内。

（8）对检查情况进行梳理与总结，针对发现的火灾隐患下发整改通知单，明确整改日期与责任人员，整改完成后进行复查，形成工作闭环。

2.1.4 降低火灾风险的建议

1. 结合现行规范进行消防改造

本部大楼大多建设年代较早，最初设计时所依据的规范版本也比较老。然而，随着年代的发展，各项规范经历了数次修订、更新，针对使用过程中出现的问题不断进行优化，针对建筑工程领域出现的新技术、新产品、新工艺不断做出完善。而建筑物在使用过程中，往往面临着用电设备不断增加、建筑功能日趋复杂、人们对室内装修材料的美观性要求日益提升等问题，这些情况都会使建筑物内火灾荷载较早年有所上升，增加了建筑物的火灾危险性。因此，依据旧版本规范设计的建筑物与消防设施，在今天看来仍有提升的空间。为有效降低建筑物的火灾风险，可在条件允许的情况下酌情考虑消防改造，在消防管理方面实现与时俱进。

2. 使通往屋面层的安全出口与火灾自动报警系统联动

由建筑顶层通往屋面层的门是供人员疏散用的安全出口，在火灾发生时，该安全出口可以供人员疏散到屋面层，此后可以通过屋面进入其他防火分区的楼梯间，继而向地面疏散，也可以在屋面等待消防登高车或直升机救援。然而，实践中发现，出于防止人员意外跌落的考虑，大量高层办公楼通往屋面层的安全出口长期处于锁闭状态。本部大楼内设有大量办公室，若欲兼顾消防安全与日常管理，可在通往屋面层的安全出口设置于火灾自动报警系统联动的门禁系统，平常处于常闭状态，仅有权限的人员可以开启，发生火灾后门禁电源自动切断，建筑内的人员可以借助此安全出口疏散。

2.2 产 业 园 区

产业园区是集生产、仓储、维修、检测、办公、研发等多种功能于一体的综合性场所（见图 2–2–1）。对于非生产场所来说，基地中生产、仓储、维修、检测等场所内的物资主要为不燃或难燃物品，办公、研发等场所内存在部分可燃办公用品等，但整体火灾危险性不高。部分产业园区内建有大型停车库，并且采用钢结构框架，其火灾危险性相对较高。

图 2-2-1　产业园区平面示意图

产业园区内消防重点部位主要有消防控制室、消防水泵房、微型消防站、气体灭火系统气瓶间、汽车库、信息机房、厨房等。

2.2.1　产业园区的特点

1. 建筑体量大

总占地面积大、建筑数量多、体量大，存在的火灾隐患相应较多。

2. 建筑形式多

结构形式多样，主要有钢筋混凝土式、钢结构式，有些还有高大净空场所。

3. 功能差异大

产业园区内有生产、仓储、维修、检测、办公、研发等多种功能场所，这些场所内部物质的燃烧性能不同，火灾荷载差别较大。

2.2.2 重点场所分析

在对产业园区进行消防巡查检查时，除常规检查内容外，还要结合基地特点，对一些重要的场所加以重点关注。

1. 汽车库

部分产业园区内建有大型汽车库，这些汽车库往往采用钢结构搭建，内部采用机械式立体停车位。钢结构的耐火性能较差，在 300℃以下时屈服强度基本不变，超过 300℃则急剧下降，600℃时基本丧失全部强度和刚度，造成建筑整体垮塌。汽车油箱内储有燃油，且车辆停放密度较高，一旦失火通常燃烧迅猛、升温较快。因此，要特别加强对钢结构防火涂料检查，以免造成较为严重的后果。

随着电动汽车的不断推广，越来越多的汽车库内引入了充电桩，因电动汽车充电造成爆燃事故的现象屡有发生。一旦电动汽车着火，若初期火势未能得到有效控制，往往能够迅速蔓延，在短时间内引燃周边车辆，造成较为严重的经济损失。

汽车库内一般设置有自动喷水灭火系统、火灾自动报警系统、应急照明与疏散指示标志等消防设施，需对其进行重点检查，确保功能完好。

2. 气体灭火系统气瓶间

部分产业园区内设置有信息机房，主要提供通信、存储、运算等服务，其内部仪器设备往往造价较高，是需要重点保护的场所。一旦机房内发生火灾，可能造成重大经济损失及负面社会效应。

作为信息机房内主要的自动灭火系统，气体灭火系统的安全可靠至关重要。气瓶间是气体灭火系统的核心，内部往往设有大量储压气瓶，存在一定的危险性，因此应将其作为重点场所加以关注。

2.2.3 消防巡查检查方法

（1）首先，沿产业园区内主要道路巡视一遍，检查以下内容：消防车道及登高操作场地是否被占用；消防车道及登高操作场地画线标识是否清晰；室外消火栓系统是否完好；水泵结合器是否完好。具体方法参考本书第 1 章第 1.2 节和第 1.3 节。

对于产业园区，需要在检查过程中特别注意以下内容：

1）部分建筑的高度大于 24m，属高层建筑，其消防车道应成环，确有困难时，可沿建筑的两个长边设置消防车道，但需设置回车场，回车场面积不应小于 12m×12m，不宜小于 15m×15m。

2）对于建筑规模较大且临街而建的建筑，应注意：若大楼沿街道部分的长度大于 150m，或总长度大于 220m，应设置穿过建筑物的消防车道，确有困难时应设置环形消防车道；若大楼有封闭内院或天井，且大楼临街，应设置连通街道和内院的人行通道（可利用楼梯间连通）。

3）若建筑高度超过 50m，其登高操作场地的长度和宽度应分别不小于 20m 和 10m。但对于设计日期在 2015 年 5 月 1 日前的建筑不做此项要求，只要求高层建筑在其底边至少一个长边或周边长度的 1/4 且不小于一个长边长度内，不布置高度大于 5m、进深大于 4m 的裙房，且在此范围设有直通室外的楼梯或直通楼梯间的出口即可。

（2）进入消防控制室，检查以下内容：消防控制室是否按规范设置；火灾报警控制器是否正常运行。具体方法参考本书第 1 章第 1.3 节和第 1.4 节。

对于产业园区，需要在检查过程中特别注意以下内容：

1）产业园区建筑数量多，有时设有多台消防主机，并将其中一台确定为总机。若采取了这种模式，除常规检查外，还应查看总机能否显示所有火灾报警信号和联动控制状态信号，并应能控制重要的消防设备；各分机之间能否互相传输、显示状态信息。尤其需要注意的是，各分机之间不应互相控制。

2）产业园区内功能较多，场所各异，为满足不同场所的需求，所配置的火灾探测器类型往往较多，例如：在高净空场所可设置红外光束感烟探测器；在火灾初期少有烟雾、以明火为主的场所可设置火焰探测器等（见图 2-2-2）。针对不同的探测器，需要采取不同方式触发，在检查时不应有所遗漏。

（3）进入消防水泵房，检查以下内容：消防水泵房是否按规范设置；消防水池水位是否正常；消防水泵是否正常运行；若在水泵房内设置了稳压设施，稳压泵是否正常运行；报警阀组是否完好无损，压力指示是否正常。具体方法参考本书第 1 章第 1.3 节和第 1.4 节。

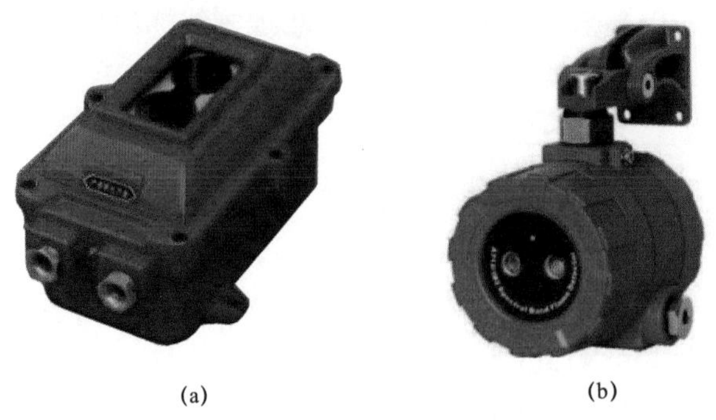

(a) (b)

图 2-2-2 探测器

(a) 线型光束感烟探测器；(b) 火焰探测器

对于产业园区，需要在检查过程中特别注意以下内容：

对于建筑数量较多、占地面积较大的产业园区，应对每栋建筑的室内消火栓（尤其是最不利点消火栓）进行放水检查，必要时还应启动消火栓泵，查看放水的消火栓压力是否正常维持，以确保各建筑之间的管网为连通状态。

(4) 对停车库进行检查，检查以下内容：安全疏散通道是否畅通；疏散指示标识是否正常；电气线路防火措施是否有效；室内消火栓组件是否完好，压力是否正常；洒水喷头是否按规范设置；火灾报警探测器是否正常巡检；排烟系统是否完好。具体方法参考本书第 1 章第 1.2 节和第 1.3 节。

对于产业园区，需要在检查过程中特别注意以下内容：

1) 对于设置了机械立体停车设施的汽车库，需检查其边墙型喷头安装方向与设置高度是否正确，是否能在爆裂后有效布水。

2) 对于安装有充电桩的区域，要加强对电气防火的巡查检查。如：发现电缆绝缘层被破坏或被剪断的情况，要及时予以维修；充电桩周边不应有管道漏水等。

3) 对于采用钢结构框架的汽车库，应着重对其钢结构防火涂料进行巡查检查。较为简单的方式是用目视法观察涂层，不应有误涂、漏涂现象，涂层应闭合，无脱层、空鼓、明显凹陷、粉化松散和浮浆等外观缺陷。有条件时，还可用测厚仪、游标卡尺等测量防火涂料的涂刷厚度：楼板和墙面在所选择的面积中至少测出 5 个点，计算平均值；梁和柱在所选择的位置中分别测出 6 个和 8 个点，计算平均值。将防火涂料实测值与涂料检验报告中相应耐火极限对应的厚度值进行对比：对于厚涂型防火涂料，80%及以上面积应符合要求，最薄处厚度不应低于要求的 85%，在 5m 长度内涂层厚度低于设计要求的长度不应大于 1m。对于薄涂型防火涂料，涂层厚度的实测值不应低于涂料检验报告中规定厚度值（见图 2-2-3）。

图 2-2-3　钢结构防火涂料

（5）对气体灭火系统气瓶间进行检查，检查以下内容：气瓶间环境温度是否符合要求；应急照明是否能正常工作；气瓶压力是否正常。

对于产业园区，需要在检查过程中特别注意以下内容：

1）若采用的是二氧化碳灭火系统，应定期查看其称重装置是否告警。

2）查看启动气瓶电磁阀下端的保险销是否已拔除，电磁阀上端的保险销铅封是否正常。

3）若存在已停用的防护区或改做其他用途的防护区，其对应的选择阀是否已采用盲板封堵。

（6）对各个单体建筑依次进行检查，包括：防火分隔设施是否完好；安全疏散通道是否畅通；消防电梯是否正常运行；电气线路防火措施是否有效；室内装修是否符合要求；室内消火栓组件是否完好，压力是否正常；洒水喷头是否按规范设置；火灾报警探测器是否正常巡检；防排烟系统是否完好。具体方法参考本书第 1 章第 1.2 节和第 1.3 节。

对于产业园区，需要在检查过程中特别注意以下内容：

1）对于单体建筑较多的产业园区，一次性检查完成所有建筑工作量过于繁重，可将基地按区域划分；每次检查时，在每个区域分别抽查若干楼层，通过数次检查，实现对整个基地所有建筑的全面覆盖。

2）对于采用了钢结构的建筑，应对钢结构表面防火涂料进行检查，涂料不应有龟裂或脱离等现象。

3）对于占地面积较大的单体建筑，其疏散走道往往较长，若安装有机械排烟设施，应重点查看排烟风机、排烟阀等设施是否功能正常，排烟管道是否保持完好，以保证发生火灾后人员得以安全疏散。

（7）返回消控室，对消防安全管理情况进行检查。具体方法参考本书第 1 章

第 1.4 节。

对检查情况进行梳理与总结，针对发现的火灾隐患下发整改通知单，明确整改日期与责任人员，整改完成后进行复查，形成工作闭环。

2.3 物资仓库

仓库是物品的集中存放点。对于非生产单位来说，其物资仓库内存放的可燃物密度高，火灾载荷大，是火灾高发易发部位，一旦着火，火势将迅速蔓延扩大，可能造成较为严重的后果。因此，必须要对物资仓库的消防巡查检查工作引起格外重视。

2.3.1 物资仓库的特点

1. 可燃物多，火灾易发

非生产场所的附属物资仓库中，通常储存一些火灾危险性为丙类的物品，即可燃性的固体、液体，如日用百货、纺织化纤制品、纸制品、塑料制品等。这些物品一旦遇到火源极易起火，且各种物资集中堆放现象比较常见，火灾隐患较大。

2. 火势易蔓延扩大

仓库中储存的可燃物资多，堆放密度大，一旦被引燃，火势将迅速蔓延，若起火后温度升高到某个特定值，可能引发轰燃。在轰燃阶段，尚未燃烧的可燃物将会发生热分解或气化，生成可燃气体，在室内聚集。在高温状态下，这些可燃气体将导致整个室内空间发生强烈的整体燃烧现象，形成一片火海。

3. 火灾扑救困难

由于仓库的门窗平时大多处于关闭状态，空气流通性较差，可燃物在燃烧时由于缺乏足够的氧气，大多为不完全燃烧，将会产生大量烟雾，火场中的能见度极低，影响救援人员的视线。此外，发生火灾后，仓库内堆垛物资倒塌，通道受阻。还有些仓库设置在地下或建筑中较为偏僻的角落，这些都在客观上给扑救带来困难。

2.3.2 重点场所分析

非生产单位涉及的库房有两种形式，一种是附设在民用建筑内部的小型库房，另一种是专门的仓库类建筑。对于这两种不同的形式，我国规范做出了不同的规定，需要在检查过程中加以注意和区分。

1. 民用建筑内的附属仓库

在非生产单位中，在办公楼或其他使用性质为民用的建筑内部附设小型库房是最为常见和普遍的形式（见图 2–3–1）。在日常工作中，为了便于管理和取用，经常会将建筑中的某一个或几个房间用作库房。

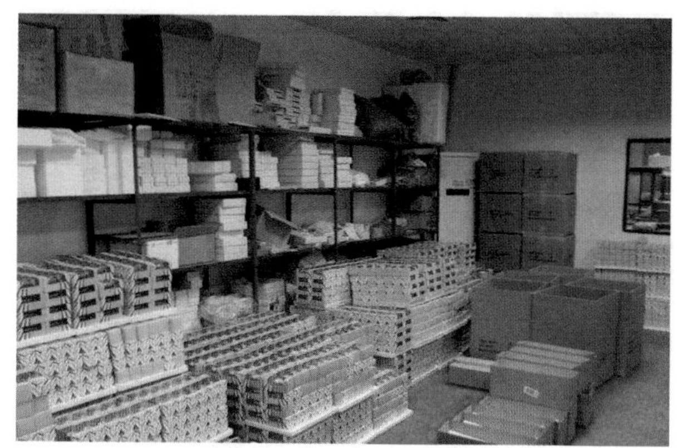

图 2–3–1　民用建筑内附属仓库

2. 专门搭建的仓库类建筑

当附设在民用建筑内的小型库房难以满足物品储存需要时，规模更大的仓库应运而生。这类仓库通常是专门搭建的，使用性质非常单一，往往仅作仓库使用（见图 2–3–2）。对于此类建筑，规范将其划分为工业建筑，相关条文较民用建筑有较大不同。

图 2–3–2　搭建专用仓库

3. 高架仓库

高架仓库又称智能仓库，是指货架高度超过 7m，采用机械化操作或自动化控制的货架仓库，是未来的发展方向（见图 2–3–3）。高架仓库能够有效提高空间利用率，充分节约场地，具有货架密集、货架间距小、货物存放高度高、储存物品数量大和疏散扑救困难等特点。为了在火灾发生时延缓货架的倒塌速度，赢得扑救时间，减少火灾损失，各类技术标准对于高架仓库的消防安全提出了更高的要求。

图 2–3–3　高架仓库

2.3.3　消防巡查检查要点

消防巡查检查的基本方法已在之前的章节进行了说明，此处不再赘述，仅对需要特殊注意的要点进行讲解。

1. 建筑防火

（1）民用建筑内的附属仓库。

1）民用建筑由于使用功能要求，可以布置部分附属库房。此类附属库房是指直接为民用建筑使用功能服务，在整座建筑中所占面积比例较小，且内部采取了一定防火分隔措施的库房。如建筑中的自用物品暂存库房、档案室和资料室等。除了这种性质的附属库房外，民用建筑内不应设置生产车间和其他库房，尤其不能存放易燃易爆物品，如油漆、香蕉水等。

2）民用建筑内的库房应依功能所需设置，不宜集中设置，尤其不宜集中设置在地下或半地下室等场所。

3）为使库房内发生火灾后，火势不蔓延至其他部位，规范对民用建筑内附属库房的防火分隔做出了特殊规定，要求采用耐火极限不低于 2h 的防火隔墙与其他部位分隔，墙上的门、窗应采用乙级防火门、窗，确有困难时，可采用防火卷帘。检查时，应着重注意检查防火门、窗及防火卷帘的完好性。

4）为了节约空间，某些单位将楼梯间内部分区域私自改建为库房。楼梯间是二层及以上人员疏散的必经之路，在建筑消防设计的过程中，往往采取多种手段，力保楼梯间的绝对安全，并严格要求楼梯间内不能存放可燃物。将楼梯间改建为库房的做法非常危险，一经发现，必须立刻拆除。

5）具有易燃、易爆性质的危险化学品不应存放在民用建筑内部，应存放在与建筑物具有一定安全距离的露天、半露天场所或单独建造的危险化学品仓库中，并设置与之相匹配的消防、通风设施和防止液体流散的设施。由于当前处于抗疫时期，需频繁使用酒精，考虑实际使用需求，当其存放于民用建筑外部确有不便时，可在民用建筑内部设置专用房间进行储存，储存量不应大于 100L。该房间宜设置在贴邻建筑外墙的阴凉通风处，与建筑内其他场所应采用耐火极限不低于 2h 的防火隔墙和 1.5h 的楼板进行分隔，开设甲级防火门，并设置与之相匹配的消防、通风设施和防止液体流散的设施（如漫坡、门槛等）。房间应安排专人专管，内部不应存放无关可燃物品。存放酒精的货架、橱柜应使用金属等不燃材料制作。储存容器应首选具有可靠密封盖的专用塑料容器，避免使用玻璃容器，防止跌落破损。酒精的领用、暂存量不应过大，每个使用点每次领用不宜超过 500ml。

（2）单独建造的仓库类建筑。

1）对仓库的总平面布局仓库应设置消防车道，对于占地面积大于 1500m^2 的丙类仓库，还应设置环形消防车道，确有困难时，应沿两个长边设置消防车道。消防车道的检查方法参考本书第 1 章第 1.2 节。

2）仓库外围不应有违章搭建的板房、棚屋等建筑。

3）仓库的防火分区面积要求与民用建筑有所不同。在建筑设计阶段，设计师已经对防火分区进行了科学划分，后续使用过程中，只需要对分隔设施进行检查，确保其完好性即可。尤其需要注意的是，对于普通防火墙，规范要求其耐火极限不低于 3h，但对于甲、乙、丙类仓库内的防火墙，规范要求其耐火极限不低于 4h，这从侧面说明了做好仓库分区分隔的重要性。因此，必须加大对防火墙、防火门、防火卷帘等设施的检查力度，如有擅自破除防火墙、扩大防火分区面积的，一经发现，立即停用整改。

4）仓库严禁设置员工宿舍，一经发现，必须立刻停用拆除。办公室、休息室设置在丙类仓库内时，需要采用耐火极限不低于 2.5h 的防火隔墙和 1h 的楼板与其他部位分隔，并设置独立的安全出口。隔墙上需开设相互连通的门时，应采用乙级防火门。

2. 消防设施

物资仓库内设置的灭火设施通常有消火栓、灭火器、火灾自动报警系统、自动喷水灭火系统。

（1）消火栓、灭火器。对于物资仓库内的消火栓和灭火器的常规检查方法参考本书第 1 章，除去常规检查外，还应着重注意查看其巡检频次。由于物资仓库平常处于锁闭状态，个别巡查检查人员或会产生疏忽与侥幸心理，忽视了对仓库内灭火设施的检查。这种做法是不可取的，需要及时纠正。

对于物资仓库内的自动喷水灭火系统，则要注意以下几点：

1）可燃、难燃物品的高架仓库和高层仓库，应设置自动灭火系统，并宜采用自动喷水灭火系统。

2）物资仓库内选用的喷头形式应与净空高度相符，可通过查看备用喷头型号确定其形式：

$h\leqslant 9$m，选用标准覆盖面积洒水喷头；

$h\leqslant 12$m，选用仓库型特殊应用喷头；

$h\leqslant 13.5$m，选用早期抑制快速响应喷头。

3）物资仓库内选用的喷头喷水强度应与储物高度相符，可通过查看备用喷头型号确定其喷水强度（见表 2–3–1 和表 2–3–2）。

表 2–3–1　　仓库危险级Ⅰ级场所的系统设计基本参数

<table>
<tr><th>储存方式</th><th>最大净空高度 h（m）</th><th>最大储物高度 h_s（m）</th><th>喷水强度［L/（min・m²）］</th><th>作用面积（m²）</th><th>持续喷水时间（h）</th></tr>
<tr><td rowspan="3">堆垛、托盘</td><td rowspan="10">9.0</td><td>$h_s\leqslant 3.5$</td><td>8.0</td><td>160</td><td>1.0</td></tr>
<tr><td>$3.5<h_s\leqslant 6.0$</td><td>10.0</td><td rowspan="2">200</td><td rowspan="9">1.5</td></tr>
<tr><td>$6.0<h_s\leqslant 7.5$</td><td>14.0</td></tr>
<tr><td rowspan="2">单、双、多排货架</td><td>$h_s\leqslant 3.0$</td><td>6.0</td><td rowspan="2">160</td></tr>
<tr><td>$3.0<h_s\leqslant 3.5$</td><td>8.0</td></tr>
<tr><td rowspan="2">单、双排货架</td><td>$3.5<h_s\leqslant 6.0$</td><td>18.0</td><td rowspan="5">200</td></tr>
<tr><td>$6.0<h_s\leqslant 7.5$</td><td>14.0+1J</td></tr>
<tr><td rowspan="3">多排货架</td><td>$3.5<h_s\leqslant 4.5$</td><td>12.0</td></tr>
<tr><td>$4.5<h_s\leqslant 6.0$</td><td>18.0</td></tr>
<tr><td>$6.0<h_s\leqslant 7.5$</td><td>18.0+1J</td></tr>
</table>

注　1. 货架储物高度大于 7.5m 时，应设置货架内置洒水喷头。顶板下洒水喷头的喷水强度不应低于 18L/（min・m²），作用面积不应小于 200m²，持续喷水时间不应小于 2h。

2. 本表及表 5.0.4–2、5.0.4–5 中字母“J”表示货架内置洒水喷头，“J”前的数字表示货架内置洒水喷头的层数。

表2-3-2　　仓库危险级Ⅱ级场所的系统设计基本参数

<table>
<tr><th>储存方式</th><th>最大净空高度 h（m）</th><th>最大储物高度 h_s（m）</th><th>喷水强度［L/（min·m²）］</th><th>作用面积（m²）</th><th>持续喷水时间（h）</th></tr>
<tr><td rowspan="3">堆垛、托盘</td><td rowspan="10">9.0</td><td>$h_s \leq 3.5$</td><td>8.0</td><td>160</td><td>1.5</td></tr>
<tr><td>$3.5 < h_s \leq 6.0$</td><td>16.0</td><td rowspan="2">200</td><td rowspan="2">2.0</td></tr>
<tr><td>$6.0 < h_s \leq 7.5$</td><td>22.0</td></tr>
<tr><td rowspan="2">单、双、多排货架</td><td>$h_s \leq 3.0$</td><td>8.0</td><td>160</td><td rowspan="2">1.5</td></tr>
<tr><td>$3.0 < h_s \leq 3.5$</td><td>12.0</td><td>200</td></tr>
<tr><td rowspan="2">单、双排货架</td><td>$3.5 < h_s \leq 6.0$</td><td>24.0</td><td>280</td><td rowspan="5">2.0</td></tr>
<tr><td>$6.0 < h_s \leq 7.5$</td><td>22.0+1J</td><td rowspan="4">200</td></tr>
<tr><td rowspan="3">多排货架</td><td>$3.5 < h_s \leq 4.5$</td><td>18.0</td></tr>
<tr><td>$4.5 < h_s \leq 6.0$</td><td>18.0+1J</td></tr>
<tr><td>$6.0 < h_s \leq 7.5$</td><td>18.0+2J</td></tr>
</table>

注　货架储物高度大于 7.5m 时，应设置货架内置洒水喷头。顶板下洒水喷头的喷水强度不应低于 20L/（min·m²），作用面积不应小于 200m²，持续喷水时间不应小于 2h。

1. 最大净空高度大于 9m 的仓库，其喷头喷水强度不仅与高度有关，也与设置方式及最低工作压力有关，需查看设计文件才能确定。
2. 非生产单位的物资仓库通常为仓库危险级Ⅰ级或Ⅱ级。仓库危险级Ⅰ级场所：食品、烟酒；木箱、纸箱包装的不燃、难燃物品等。仓库危险级Ⅱ级场所：储存木材、纸、皮革、谷物及制品、棉毛麻丝化纤及制品、家用电器、电缆、B 组塑料与橡胶及其制品、钢塑混合材料制品、各种塑料瓶盒包装的不燃、难燃物品及各类物品混杂储存的仓库等。
3. 设置自动喷水灭火系统的仓库及类似场所，当采用货架储存时应采用钢制货架，并应采用通透层板，且层板中通透部分的面积不应小于层板总面积的 50%。当采用木制货架或采用封闭层板货架时，其系统设置应按堆垛储物仓库确定。
4. 货架排布形式定义如下：单排货架：单排货架的结构是每一列货架只有一排，并且货架之间的都要留有一定的通道，供人或者叉车通行。双排货架：双排货架一般是两排货架背靠背的模式陈列。多排货架：多排货架也叫可移动式货架，这类货架的模式是多排混合放置，众多的货架只需要留出一条通道就可以实现存储货物，货架下有导轨可以提供货架移动。

4）货架仓库的最大净空高度或最大储物高度超过上表的规定时，应在货架内部增设洒水喷头，且货架内置洒水喷头上方的层间隔板应为实层板。仓库危险级Ⅰ级、Ⅱ级场所应在自地面起每 3m 设置一层货架内置洒水喷头，且最高层货架内置洒水喷头与储物顶部的距离不应超过 3m。洒水喷头的间距不应大于 3m，且不应小于 2m。

5）货架内置洒水喷头宜与顶板下洒水喷头交错布置，直立型、下垂型标准覆盖面积洒水喷头和扩大覆盖面积洒水喷头溅水盘与上方层板的距离应为 75～150mm，与其下部储物顶面的垂直距离不应小于 150mm。

6）仓库中的通道上方宜设有喷头。喷头与被保护对象的水平距离不应小于 0.30m，喷头溅水盘与保护对象的最小垂直距离不应小于表 2－3－3 的规定。

表 2–3–3　　喷水类型的最小垂直距离

喷头类型	最小垂直距离
标准覆盖面积洒水喷头、扩大覆盖面积洒水喷头	450
特殊应用喷头、早期抑制快速响应喷头	900

7）设置货架内置洒水喷头的仓库，当货架内置洒水喷头上方有孔洞、缝隙时，可在洒水喷头的上方设置挡水板，挡水板应为正方形或圆形金属板，其平面面积不宜小于 $0.12m^2$，周围弯边的下沿宜与洒水喷头的溅水盘平齐。

8）仓库内设置自动喷水灭火系统时，宜设消防排水设施。

3. 消防安全管理

（1）加强对人员行为的管理与监督力度。仓库内往往堆放有大量可燃物，一旦起火，火势蔓延迅猛，难以扑救，尤其是设置在民用建筑内的附属仓库，其所处区域人多且杂，消防安全管理的要求与标准更应该有相应的提高。在实际工作中，工作人员可以根据本单位实际情况，制定切实有效的消防管理举措。例如：确定一名人员为仓库的防火安全负责人，全面负责仓库的消防安全管理工作；在仓库内外张贴严禁使用明火和严禁吸烟的标志，禁止携带火柴、打火机入内；下班前做好安全检查，关闭门窗、电源；对地下仓库或储物量大的物资仓库，加大巡查检查频次等。

（2）加强对电气火灾的防控力度。电气原因是引发仓库火灾的重要原因之一，在日常管理中，要着重加强对电气防火的巡查检查，防止开关插销、照明灯具等电器因短路、超负荷、线路老化等原因引燃纸箱、塑料等物品，严禁在仓库内私拉电线、违规用电、违规使用大功率电器。在为仓库选配灯具时，应选用低温照明灯具，灯具外罩、面板应具有防碎裂性能，或设有防止碎裂后向下溅落的措施。仓库中的灯具应尽量布置在走道上方，避免在布置在货架上方，以防电气线路产生高温，引燃下方可燃物。

2.4 会议培训中心

会议培训中心是集住宿、餐饮、会议为一体的人员密集场所（见图2–17），具有建筑结构复杂、接待人员数量多、功能多样化等特点。该场所存在较大火灾危险性，主要体现在可燃装修材料多、火灾荷载大；建筑结构复杂、火势蔓延迅速；人员聚集、疏散困难等。一旦发生火灾，往往容易造成重、特大群死群伤事故。

会议培训中心主要的消防重点部位有：消防控制室、消防水泵房、微型消防站、会议厅、厨房、客房等。此外，对于周转用房、单身公寓、集体宿舍等使用性质为住宿的非生产场所，可参照会议培训中心中的关于客房的要求开展消防安全管理工作。

2.4.1 会议培训中心的特点：

1. 可燃物多

客房、餐厅的内部装饰材料和陈设用具采用木材、塑料和棉、麻、丝、毛以及其他纤维制品，这些有机可燃物质，增加了建筑物内的火灾荷载。

2. 建筑结构易产生烟囱效应

会议培训中心很多都是高层建筑，楼梯井、电梯井、管道井、电缆井、垃圾井、污水井等竖井林立，还有通风管道，纵横交错，一旦发生火灾，竖井产生的烟囱效应，使火焰沿着竖井和通风管道迅速蔓延扩大。

3. 疏散困难，易造成重大伤亡

会议培训中心的客房、会议厅等都是人员比较集中的地方，在这些人员中，多数是参加培训工作的暂住人员，流动性很大。他们对建筑内的环境、安全疏散设施不熟悉，发生火灾时，由于烟雾弥漫，心情紧张，极易迷失方向，拥塞在通道上，造成秩序混乱，给疏散和施救工作带来很大困难，因此往往造成重大伤亡。

4. 起火因素多

客房、餐厅起火因素多，主要有：

（1）住客躺在床上吸烟，或乱丢烟头、火柴梗等。

（2）厨房用火不慎和油锅过热起火。

（3）在维修管道设备等时，违章动火引起火灾。

（4）电气线路接触不良，电热器具使用不当或线路老化，都极易引发火灾。

2.4.2 重要场所分析

1. 客房（宿舍、公寓、周转用房）

客房作为人员逗留时间较长的场所，内部装饰织物较多，是火灾的多发地点。特别是夜间，人处于睡眠状态，无法第一时间察觉火势，一旦火势蔓延，烟气将会迅速充满整个房间以及客房外的疏散走道，严重阻碍人员逃生，极易造成伤亡事件。对于集体宿舍、单身公寓等场所，由于其人群集中、电器设备繁杂，还应特别注意对电气火灾隐患的巡查检查，禁止违章使用电器，避免引起电气火灾。

2. 会议厅

会议厅是人员参加会议、培训等活动的聚集场所。为了美观，会议厅在装修时往往会选用大量可燃甚至易燃的装修材料。比如地面铺设的毛地毯，墙上张贴的纺织品饰面层等，这些物品都增加了场所的火灾荷载。还有部分会议厅是后期改建而成，原有场所由于使用功能或平面布局不同，可能无需设置机械排烟系统、自动喷水灭火系统等设施，而改造成会议厅后，由于人员疏忽或消防知识不足，有可能忽视增设消防设施的问题，最终导致会议厅内防火控火手段失效，给与会人员带来了极大的安全隐患。

3. 厨房

（1）燃料多，有明火。厨房是使用明火进行作业的场所，所用的燃料一般有液化石油气、煤气、天然气、煤炭等，若操作不当，很容易引起泄漏、燃烧和爆炸。

（2）油烟重。厨房常年与油、气、蒸汽打交道，场所环境一般较为潮湿，在这种条件下，燃料燃烧过程中产生的不均匀燃烧物及油蒸汽蒸发产生的油烟很容易积聚，形成一定厚度的可燃油层和粉尘附着在墙壁、油烟管道和抽油烟机的表面，如不及时清洗，就有可能引起火灾，或在火灾发生后加速火势蔓延。

（3）电气线路隐患大。厨房内用电设备较为多样，往往存在电气线路私拉乱接现象，或由于施工不规范，存在用铝芯线代替铜芯线、电线不穿管、电闸不设后盖等现象。这些电气线路与设备在蒸汽、油烟的长期腐蚀下，很容易发生漏电、短路起火。此外，厨房内运行的电器比较多，容易发生超负荷现象，特别是在大型活动举办期间或客流高峰期，一些大功率电器设备在使用过程中容易出现电流过载，进而引发火灾。

2.4.3　会议培训中心巡查、检查方法

1. 总平面布局

绕建筑外围一周，检查以下内容：消防车道是否满足要求；是否按规范设置了消防登高操作面和救援窗；是否存在违规改、扩建情况；室外消火栓系统是否完好；水泵结合器是否完好。具体方法参考本书第 1 章第 1.2 节和第 1.3 节。

2. 消防控制室

查看消防控制室的设置位置是否在建筑首层或地下一层。进入消防控制室，查看消防控制室内是否 24h 有人值班；火灾报警控制器及消防控制室内的其他设备的运行是否正常。具体方法参考本书第 1 章第 1.3 节和第 1.4 节。

3. 消防水泵房

查看消防水泵房是否按规范设置；消防水池水位是否正常；消防水泵是否正常运行；若在水泵房内设置了稳压设施，稳压泵是否正常运行；报警阀组是否完好无损，压力指示是否正常。具体方法参考本书第 1 章第 1.3 节。

4. 地下室

对地下室进行检查，内容包括：地下室防火分隔设施是否完好；安全疏散通道是否畅通；电气线路防火措施是否有效；室内消火栓组件是否完好，压力是否正常；洒水喷头是否按规范设置，末端试水装置压力是否符合要求；火灾报警探测器是否正常巡检；防排烟系统是否完好。具体方法参考第 1 章第 1.2 节、第 1.3 节。

检查过程中，需注意设置在地下的特殊功能用房，如风机房、配电室、电池间等，这些部位的消防检查要点各不相同，可参考第 1 章第 1.4 节对这些部位进行重点检查。

5. 地面楼层

对地上各层进行检查，内容包括：防火分隔设施是否完好；安全疏散通道是否畅通；消防电梯是否正常运行；各楼层尤其是客房内的电气线路防火措施是否有效；室内装修是否符合要求，特别关注疏散走道上铺设的地毯及走道两侧墙面的装修材料，不应为可燃材料；室内消火栓组件是否完好，压力是否正常；洒水喷头是否按规范设置；火灾报警探测器是否正常巡检；防排烟系统是否完好。具体方法参考本书第 1 章第 1.2 节和第 1.3 节。

检查过程中需要特别注意以下内容：

（1）会议培训综合用房内设有较多会议室和客房，为了追求美观，这些场所

往往会使用较多装修材料，因此，必须加强对其室内装修的检查力度。

1）对于单层建筑或建筑高度在 24m 以下的建筑，装修材料要求如表 2-4-1 所示。

表 2-4-1　单层建筑或建筑高度在 24m 以下的建筑装修材料要求

序号	建筑物及场所	建筑规模、性质	装修材料燃烧性能等级							
			顶棚	墙面	地面	隔断	固定家具	装饰织物		其他
								窗帘	帷幕	
1	观众厅、会议厅、多功能厅、等候厅等	每个厅、室建筑面积大于 400m²	A	A	B_1	B_1	B_1	B_1	B_1	B_1
		每个厅、室建筑面积不大于 400m²	A	B_1	B_1	B_1	B_1	B_1	B_1	B_1
2	宾馆、饭店的客房及公共活动用房等	设置送回风（道）管的集中空气调节系统	A	B_1	B_1	B_1	B_2	B_2	—	B_2
		其他	B_1	B_1	B_2	B_2	B_2	B_2	—	—
3	餐饮场所	营业面积＞100m²	A	B_1	B_1	B_1	B_2	B_1	—	B_2
		营业面积≤100m²	B_1	B_1	B_1	B_2	B_2	B_2	—	B_2

注　1. 对于上述场所内面积小于 100m² 的房间，当采用耐火极限不低于 2h 的防火隔墙和甲级防火门、窗与其他部位分隔时，其装修材料的燃烧性能等级可在上表基础上降低一级。

2. 若上述场所内装有自动灭火系统时，除顶棚外，其内部装修材料的燃烧性能等级可在上表规定的基础上降低一级；当同时装有火灾自动报警装置和自动灭火系统时，其装修材料的燃烧性能等级可在上表规定的基础上降低一级。

2）对于高层建筑，装修材料的要求如表 2-4-2 所示。

表 2-4-2　高层建筑装修材料要求

序号	建筑物及场所	建筑规模、性质	装修材料燃烧性能等级									
			顶棚	墙面	地面	隔断	固定家具	装饰织物				其他
								窗帘	帷幕	床罩	家具包布	
1	观众厅、会议厅、多功能厅、等候厅等	每个厅、室建筑面积大于 400m²	A	A	B_1	B_1	B_1	B_1	B_1	—	B_1	B_1
		每个厅、室建筑面积不小于 400m²	A	B_1	B_1	B_1	B_1	B_1	B_1	—	B_1	B_1

续表

序号	建筑物及场所	建筑规模、性质	装修材料燃烧性能等级									
			顶棚	墙面	地面	隔断	固定家具	装饰织物				其他
								窗帘	帷幕	床罩	家具包布	
2	宾馆、饭店的客房及公共活动用房等	一类建筑	A	B_1	B_1	B_1	B_2	B_1	—	B_1	B_2	B_2
		二类建筑	A	B_1	B_1	B_1	B_2	B_2	—	B_2	B_2	B_2
3	餐饮场所	—	A	B_1	B_1	B_1	B_2	B_1	—	—	B_1	B_2

注　1. 高层民用建筑内的上述场所，当其位于裙房内部，且房间面积小于 $500m^2$ 时，若设有自动灭火系统，并且采用耐火极限不低于 2.00h 的防火隔墙和甲级防火门、窗与其他部位分隔时，顶棚、墙面、地面装修材料的燃烧性能等级可在上表规定的基础上降低一级。

2. 除大于 $400m^2$ 的观众厅、会议厅和 100m 以上的高层民用建筑外，当设有火灾自动报警装置和自动灭火系统时，除顶棚外，上述场所的内部装修材料的燃烧性能等级可在上表规定的基础上降低一级。

（2）会议培训中心的厨房一般规模较大，用于加热的设施设备很多，且为明火使用场所，本身就具有较大的火灾危险性。对厨房的检查应包括以下内容：厨房与其他场所的防火分隔是否完好；厨房内的电气线路防火措施是否有效；若采用天然气或液化石油气等可燃气体为加热燃料，应查看供气管道上是否设有手动、自动切断阀，灶具附近是否设有可燃气体探测器；厨房内是否堆放有可燃物；油烟管道是否按时清洗；疏散走道及安全出口是否畅通。具体方法参考第 1 章第 1.5 节。

6. 检查总结

对检查情况进行梳理与总结，针对发现的火灾隐患下发整改通知单，明确整改日期与责任人员，整改完成后进行复查，形成工作闭环。

2.4.4　降低火灾风险的建议

从以往检查情况来看，虽然大部分单位每年都会对员工进行消防培训、演练，但一些单位和员工依然存在重形式、轻实质、走过场的现象，导致消防培训、演练对员工起到的实质性帮助十分有限。此外，人员在火场的疏散本身就是比较复杂的，涉及人的心理素质、教育、生活习惯等诸多难以量化的因素。因此，建议消防安全管理人员在以下几方面加强工作：

（1）建筑内各疏散楼梯的门必须保持畅通，不能为了方便工作而减少楼道的开门数量，或在楼梯间内堆放可燃物。对于人流量比较多的建筑，还应加强日常消防巡查。

（2）消防安全管理人员和疏散引导员要加强对逃生守则的学习，掌握最佳逃生方案，以便在意外事件发生时快速指导楼内人员疏散逃生。此外，在逃生过程中，还可以使楼道内正在疏散的人员知道自己能够安全撤离的大致时间，以舒缓他们紧张的情绪，稳定逃生秩序。

（3）相关部门应定期开展安全逃生讲座，必要时，可通过问答、测试的方式提升和检验培训效果。

（4）事实证明，要使人员在火灾现场保持镇定，定期开展应急疏散演练训练是不可或缺的一环。在开展演练时，消防安全管理人员和楼层引导员要切实负责，及时制止说笑打闹等不遵守逃生守则的行为，对于逃生措施不到位、逃生路线不规范的，应及时帮助其改正，使应急疏散演练真正发挥出应有的作用。

第3章

典型消防隐患整改方法

3.1 建筑防火典型隐患及整改对策

建筑防火典型隐患及整改对策见表 3－1－1。

表 3－1－1　建筑防火典型隐患及整改对策

序号	问题描述	原因分析及错误图例	规范条款及正确图例	风险等级	整改对策
1	消防车道被占用，导致有效净宽度不足 4m	消防车道未画线，未设置禁止停车的警示标语，日常消防管理也不够到位 	GB 50016—2014《建筑设计防火规范》 7.1.8　消防车道应符合下列要求： 1　车道的净宽度和净空高度均不应小于 4.0m； … 3　消防车道与建筑之间不应设置妨碍消防车操作的树木、架空管线等障碍物 	严重	对消防车道进行规范画线，附近设置禁止停放车辆、堆放杂物的警示标语，同时加强日常消防巡查与管理

续表

序号	问题描述	原因分析及错误图例	规范条款及正确图例	风险等级	整改对策
2	防火分区之间采用石膏板进行防火分隔	可能是设计施工阶段未严格按照要求设置防火分隔物，或后期自行改建的过程中拆除了原有的防火墙、防火卷帘等设施，又用耐火极限不达标的墙体进行替代 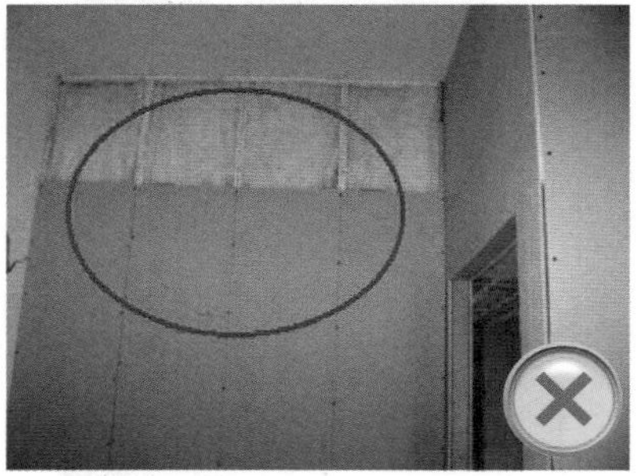	GB 50016—2014《建筑设计防火规范》 5.3.3 防火分区之间应采用防火墙分隔，确有困难时，可采用防火卷帘等防火分隔设施分隔 	严重	应拆除不合格的墙体，使用防火墙或防火卷帘对防火分区进行分隔
3	管道井、桥架等穿越楼板或隔墙处未进行防火封堵	施工人员消防意识薄弱，工程质量不达标 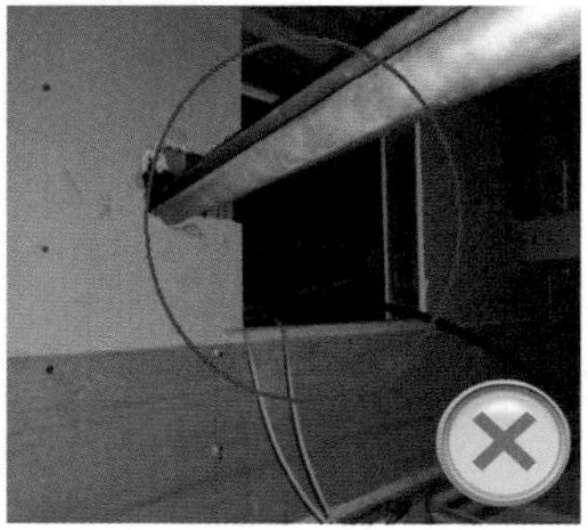	CECS 154—2003《建筑防火封堵应用技术规程》 3.1.1 被贯穿物上的贯穿孔口和空开口必须进行防火封堵 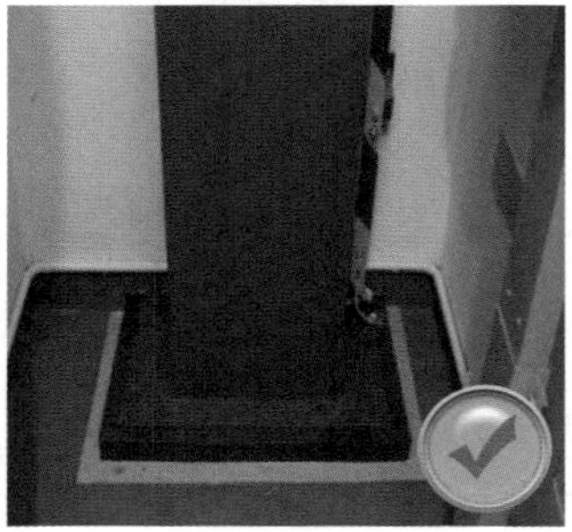	一般	采用防火包、防火泥、防火板等防火封堵材料对孔洞进行封堵

续表

序号	问题描述	原因分析及错误图例	规范条款及正确图例	风险等级	整改对策
4	防火门无闭门器、顺位器，或闭门器、顺位器不能正常工作	安装时施工人员将闭门器、顺位器拆除，或原有器件受损后未及时进行更换	GB 50877—2014《防火卷帘、防火门、防火窗施工及验收规范》 5.3.2　常闭防火门应安装闭门器等，双扇和多扇防火门应安装顺序器	一般	及时加装或修复防火门闭门器、顺位器
5	擅自对防火门进行改装，如在门扇上私自开窗、私自加装猫眼，或将防火锁更换为其他锁具等	为使用方便或追求美观，对防火门进行了改装	GB 50877—2014《防火卷帘、防火门、防火窗施工及验收规范》 5.3.6　防火门门框与门扇、门扇与门扇的缝隙处嵌装的防火密封件应牢固、完好	一般	更换被改装的防火门或防火部件，保证其防火隔热性能

续表

序号	问题描述	原因分析及错误图例	规范条款及正确图例	风险等级	整改对策
6	水泵房、空调机房、变配电室、柴油发电机房、锅炉房等设备房的使用的门不是甲级防火门，或电缆井、管道井的检查门使用的门不是丙级防火门	施工阶段未严格按照要求设置防火门	CECS 154—2003《建筑防火封堵应用技术规程》 6.2.7 通风、空气调节机房和变配电室开向建筑内的门应采用甲级防火门，消防控制室和其他设备房开向建筑内的门应采用乙级防火门 6.2.9 电缆井、管道井、排烟道、排气道、垃圾道等竖向井道，应分别独立设置。井壁的耐火极限不应低于 1h，井壁上的检查门应采用丙级防火门	一般	更换不符合要求的门，确保防火门等级达标

续表

序号	问题描述	原因分析及错误图例	规范条款及正确图例	风险等级	整改对策
7	钢质防火门门框采用可燃性发泡材料灌浆	施工阶段未严格按照要求采用水泥砂浆等不燃材料对防火门进行灌浆	GB 50877—2014《防火卷帘、防火门、防火窗施工及验收规范》 5.3.8　钢质防火门门框内应充填水泥砂浆。门框与墙体应用预埋钢件或膨胀螺栓等连接牢固，其固定点间距不宜大于600mm	一般	采用水泥灌浆

续表

序号	问题描述	原因分析及错误图例	规范条款及正确图例	风险等级	整改对策
8	防火卷帘下堆放杂物	消防意识薄弱，日常消防安全管理不到位 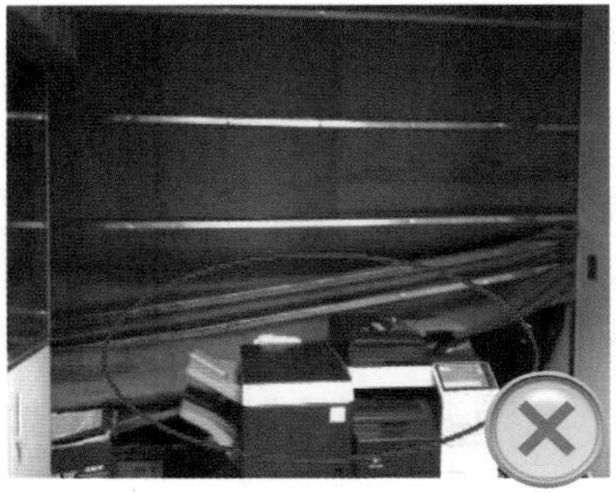	《机关、团体、企业、事业单位消防安全管理规定》（公安部令第 61 号）第二十五条　消防安全重点单位应当进行每日防火巡查，并确定巡查的人员、内容、部位和频次。其他单位可以根据需要组织防火巡查。巡查的内容应当包括： … （四）常闭式防火门是否处于关闭状态，防火卷帘下是否堆放物品影响使用； 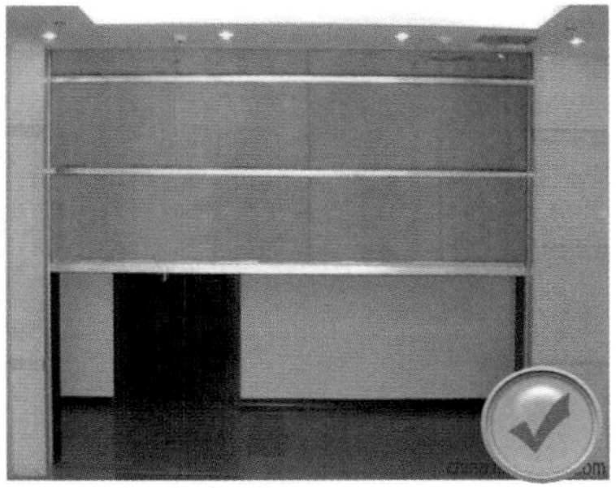 …	一般	及时清除杂物，并在防火卷帘附近张贴禁止堆放杂物的警示标语

续表

序号	问题描述	原因分析及错误图例	规范条款及正确图例	风险等级	整改对策
9	在楼梯间内设置值班室、烧水间等	消防知识不足，为图使用方便擅自对楼梯间进行改造	GB 50016—2014《建筑设计防火规范》 6.4.1 疏散楼梯间应符合下列规定： … 2 楼梯间内不应设置烧水间、可燃材料储藏室、垃圾道。 …	严重	废除设置在楼梯间内的功能用房，确保楼梯间内无其他无关用房，无影响人员疏散逃生的设施，无可燃物

续表

序号	问题描述	原因分析及错误图例	规范条款及正确图例	风险等级	整改对策
10	消防控制室安全出口既没有直通室外，也没有通往与安全出口直接相连的走道	设计阶段未严格按照要求设置消控室，或施工阶段未按图纸进行施工	GB 50016—2014《建筑设计防火规范》 8.1.7　设置火灾自动报警系统和需要联动控制消防设备的建筑（群）应设置消防控制室。消防控制室的设置应符合下列规定： … 4　疏散门应直通室外或安全出口 …	严重	对消防控制室进行改造，使其疏散门能直接通往室外，或通往与安全出口直接相连的走道

续表

序号	问题描述	原因分析及错误图例	规范条款及正确图例	风险等级	整改对策
11	疏散门为电动平移门	设计施工阶段未按照要求设置疏散门形式	GB 50016—2014《建筑设计防火规范》 6.4.11　建筑内的疏散门应符合下列规定： 1　民用建筑和厂房的疏散门，应采用向疏散方向开启的平开门，不应采用推拉门、卷帘门、吊门、转门和折叠门。 …	一般	将电动平移门改装为向疏散方向开启的平开门，或在其两侧加装门扇，并根据设计文件核算平开门宽度，确保总疏散宽度符合设计要求

续表

序号	问题描述	原因分析及错误图例	规范条款及正确图例	风险等级	整改对策
12	供人员疏散的走道上铺设了普通可燃性地毯	维修阶段对消防规范的要求不甚了解，或为追求美观，忽视了消防相关要求 	GB 50222—2017《建筑内部装修设计防火规范》 4.0.4　地上建筑的水平疏散走道和安全出口的门厅，其顶棚应采用 A 级装修材料，其他部位应采用不低于 B1 级的装修材料；地下民用建筑的疏散走道和安全出口的门厅，其顶棚、墙面和地面均应采用 A 级装修材料 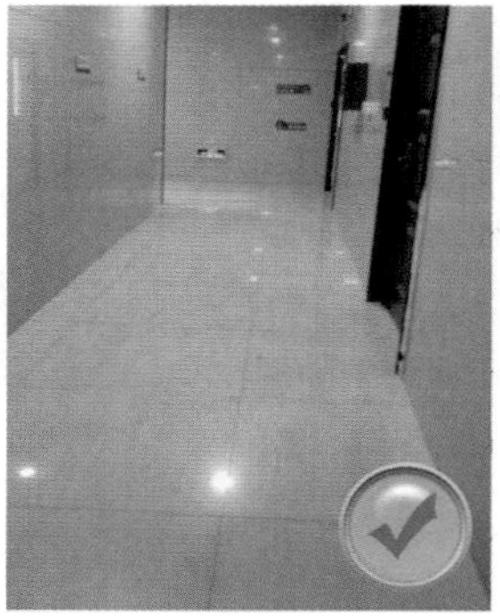	一般	对普通可燃地毯进行阻燃处理，使其耐火极限不低于 B1 级，或将其更换为耐火极限不低于 B1 级的其他装修材料

续表

序号	问题描述	原因分析及错误图例	规范条款及正确图例	风险等级	整改对策
13	室内消火栓箱门装修后与周围环境一致，无法区分	装修时一味追求美观，未考虑消防要求	GB 50222—2017《建筑内部装修设计防火规范》 4.0.2　建筑内部消火栓箱门不应被装饰物遮掩，消火栓箱门四周的装修材料颜色应与消火栓箱门的颜色有明显区别或在消火栓箱门表面设置发光标志	一般	在消火栓箱门上增加明显标志，确保火灾发生时能够迅速取用
14	吊顶内存在可燃物，但其内部敷设的线缆未穿管保护	施工时存在侥幸心理未严格遵循规范要求	GB 50016—2014《建筑设计防火规范》 10.2.3　…　配电线路敷设在有可燃物的闷顶、吊顶内时，应采取穿金属导管、采用封闭式金属槽盒等防火保护措施	一般	对线路采取防火保护措施，如将其穿入金属管、阻燃塑料管或封闭式金属线槽等

续表

序号	问题描述	原因分析及错误图例	规范条款及正确图例	风险等级	整改对策
15	配电箱、接线盒、开关、插座等直接安装在可燃的木质材料上	施工人员安全意识不强，未严格按照规范要求施工，或业主自行加装	GB 50222—2017《建筑内部装修设计防火规范》 4.0.17 建筑内部的配电箱、控制面板、接线盒、开关、插座等不应直接安装在低于B1级的装修材料上；用于顶棚和墙面装修的木质类板材，当内部含有电器、电线等物体时，应采用不低于B1级的材料	一般	加装不燃材料或阻燃材料制作的底座，避免电气设备与可燃性物品直接接触
16	消防供配电线路中接入了非消防用电负荷	施工阶段未按要求接线，或后期业主自行违规接线 插座 消防主机 空调 照明	GB 50016—2014《建筑设计防火规范》 10.1.6 消防用电设备应采用专用的供电回路，当建筑内的生产、生活用电被切断时，应仍能保证消防用电。备用消防电源的供电时间和容量，应满足该建筑火灾延续时间内各消防用电设备的要求	一般	移除非消防用电负荷，确保消防供、配电线路仅供消防设备使用

续表

序号	问题描述	原因分析及错误图例	规范条款及正确图例	风险等级	整改对策
17	配电箱内电气线路杂乱，箱门与箱体之间未设置跨接线	施工质量差	GB 50166—2019《火灾自动报警系统施工及验收标准》 3.2.13 线缆在管内或槽盒内不应有接头或扭结。导线应在接线盒内采用焊接、压接、接线端子可靠连接 3.4.2 交流供电和 36V 以上直流供电的消防用电设备的金属外壳应有接地保护，其接地线应与电气保护接地干线（PE）相连接	一般	应对配电箱内电路进行梳理，沿箱体边缘固定平直，并在线路末端粘贴标号以便检修。箱门和箱体之间应设置跨接线，防止漏电伤人

续表

序号	问题描述	原因分析及错误图例	规范条款及正确图例	风险等级	整改对策
18	电缆桥架盖板未盖回原位，存在电气火灾隐患	施工质量差	GB 51348—2019《民用建筑电气设计标准》 8.5.3　电缆桥架水平敷设时，底边距地高度不宜低于 2.2m。除敷设在配电间或竖井内，垂直敷设的线路 1.8m 以下应加防护措施	一般	应采用盖板将电缆桥架盖合完好
19	蓄电池室内的电气设备未采用防爆型，或防爆级别不符要求	施工阶段未严格按照要求选型，或后续使用过程中更换新设备时未考虑其防爆等级	GB 50058—2014《爆炸危险环境电力装置设计规范》附录 B，23　蓄电池的危险区域的划分应符合下列规定：1）蓄电池应属于 IIC 级的分类	一般	更换不符合要求的电气设备，确保其防爆等级不小于ⅡC 级

续表

序号	问题描述	原因分析及错误图例	规范条款及正确图例	风险等级	整改对策
20	蓄电池室防爆电气设备的进、出线口未进行防火封堵	施工细节不规范，未严格按照要求对电气设备进行防爆处理	GB 50058—2014《爆炸危险环境电力装置设计规范》附录 B，23　蓄电池的危险区域的划分应符合下列规定：1）蓄电池应属于 IIC 级的分类	一般	采用防火材料进行严密封堵

3.2 消防设施典型隐患及整改对策

消防设施典型隐患及整改对策见表3-2-1。

表3-2-1　消防设施典型隐患及整改对策

序号	问题描述	原因分析及错误图例	规范条款及正确图例	风险等级	整改对策
1	感烟探测器误报警	感烟探测器安装在水雾、粉尘较多的区域，如厨房中烹饪产生油烟、临时装修场地施工时产生粉尘、锅炉房燃烧产生烟尘等，都会造成感烟探测器误报警	《中华人民共和国消防法》（2019年修订） 第十六条第二款　按照国家标准、行业标准配置消防设施、器材，设置消防安全标志，并定期组织检验、维修，确保完好有效	一般	对于临时装修场地，可采取加盖感烟探测器保护罩的方式暂时避免误报警，但要加强对该区域的防火巡查检查。对于厨房、锅炉房等烟雾粉尘长期存在的区域，可将感烟探测器更换为其他类型的探测器，彻底解决误报警问题

续表

序号	问题描述	原因分析及错误图例	规范条款及正确图例	风险等级	整改对策
2	消防主机存在屏蔽点	消防主机上存在屏蔽点，可能的原因有 3 点：一是建筑内存在临时装修场地，施工人员将该场地的线路进行整体屏蔽；二是因为感烟探测器常常误报警，干扰值班员正常工作，故在系统中将其屏蔽；三是该点位所代表的消防设备出现故障，在故障修复前暂时将其屏蔽，避免其对系统产生影响 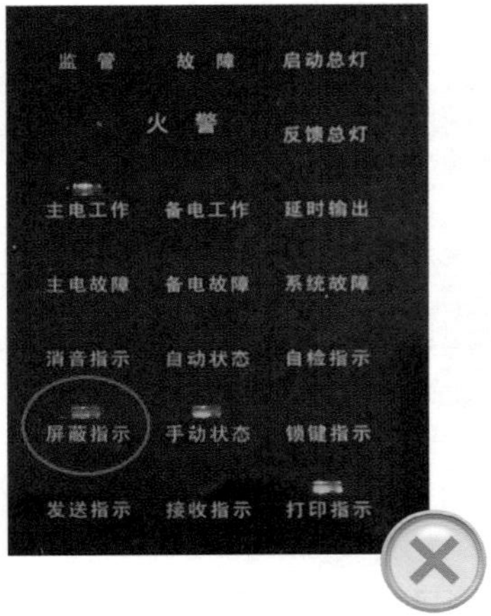	《中华人民共和国消防法》（2019 年修订） 第十六条第二款　按照国家标准、行业标准配置消防设施、器材，设置消防安全标志，并定期组织检验、维修，确保完好有效 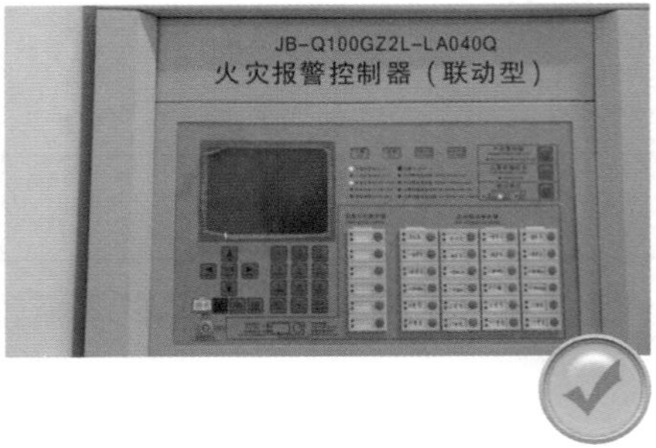	一般	对于第一种情况，应加强对施工区域的巡查检查，在施工结束后立即恢复该区域设备的正常使用功能。对于第二种情况，上文已提出整改措施，不再赘述。对于第三种情况，应联系消防维保单位及时消除设备故障，将被屏蔽的点位恢复正常

续表

序号	问题描述	原因分析及错误图例	规范条款及正确图例	风险等级	整改对策
3	消防主机扬声器的接线被拔下	消防主机的报警声干扰值班人员正常工作，故将扬声器接线拔除	《中华人民共和国消防法》（2019年修订） 第十六条第二款　按照国家标准、行业标准配置消防设施、器材，设置消防安全标志，并定期组织检验、维修，确保完好有效	一般	应将接线恢复，确保消防主机正常发出警报声响，以防真正发生火警时，值班人员不能及时得知

续表

序号	问题描述	原因分析及错误图例	规范条款及正确图例	风险等级	整改对策
4	感烟探测器保护罩未摘除	施工完成后，施工人员没有及时将感烟探测器保护罩摘除，消防维保人员也未对感烟探测器进行有效维保	《中华人民共和国消防法》（2019 年修订） 第十六条第二款　按照国家标准、行业标准配置消防设施、器材，设置消防安全标志，并定期组织检验、维修，确保完好有效	严重	应立即摘除感烟探测器保护罩，确保探测器及时有效探测初期火灾
5	消防主机备电故障	消防主机蓄电池老化，或蓄电池与主机相连接的线路故障	《中华人民共和国消防法》（2019 年修订） 第十六条第二款　按照国家标准、行业标准配置消防设施、器材，设置消防安全标志，并定期组织检验、维修，确保完好有效	严重	更换新的蓄电池，并对蓄电池与主机相连的线路进行检修

续表

序号	问题描述	原因分析及错误图例	规范条款及正确图例	风险等级	整改对策
6	水泵控制柜、稳压泵控制柜处于手动状态	工作人员消防知识不强，不知道应将控制柜置于自动状态；或给水系统存在故障，为避免水泵误动作，故将其置于手动状态 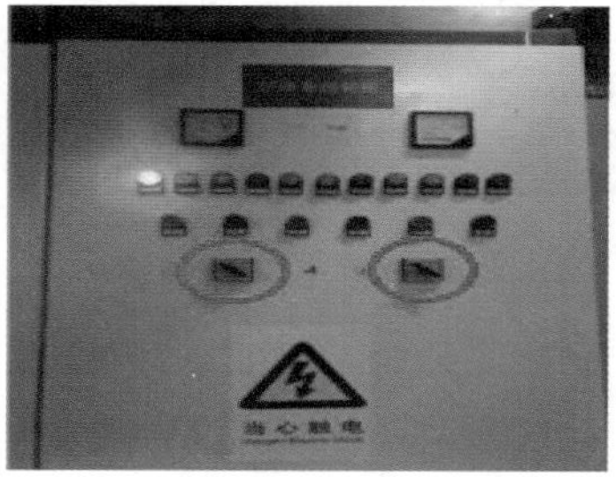 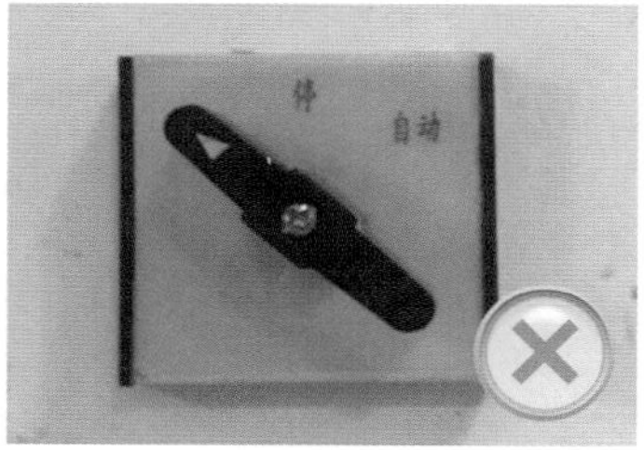	GB 50974—2014《消防给水及消火栓系统技术规范》 11.0.1，1　消防水泵控制柜在平时应使消防水泵处于自动启泵状态 	一般	及时将水泵控制柜更改为自动状态，若给水系统存在故障，及时联系消防维保单位进行检修

续表

序号	问题描述	原因分析及错误图例	规范条款及正确图例	风险等级	整改对策
7	室内消火栓栓口静压力不足	室内消火栓稳压系统故障，如稳压泵处于手动状态、稳压泵控制柜断电、高位水箱出水阀门被锁闭、管网出现漏水等	GB 50974—2014《消防给水及消火栓系统技术规范》 5.3.4　设置稳压泵的临时高压消防给水系统应设置防止稳压泵频繁启停的技术措施，当采用气压水罐时，其调节容积应根据稳压泵启泵次数不大于 15 次/h 计算确定	一般	对室内消火栓稳压系统进行排查，修复排查出的故障，恢复稳压系统的正常运行

续表

序号	问题描述	原因分析及错误图例	规范条款及正确图例	风险等级	整改对策
8	隐蔽式喷头盖板不能摘除，或摘除后喷头不能自动下垂至吊顶水平线以下	盖板不能摘除通常是装修过程中工人在进行顶面粉刷时将盖板周围用涂料涂覆，或盖板不慎脱落后，使用乳胶漆等材料将盖板粘住。摘除后喷头不能自动下垂至吊顶水平线以下是由于顶面装修时施工精度不足或沟通不到位导致	GB 50974—2014《消防给水及消火栓系统技术规范》 7.1.1　喷头应布置在顶板或吊顶下易于接触到火灾热气流并有利于均匀布水的位置	严重	对出现问题的喷头进行修复

续表

序号	问题描述	原因分析及错误图例	规范条款及正确图例	风险等级	整改对策
9	宽度大于1.2m的风管或成组管道、桥架下方未设置洒水喷头	施工遗留问题	GB 50974—2014《消防给水及消火栓系统技术规范》 7.2.3　当梁、通风管道、成排布置的管道、桥架等障碍物的宽度大于1.2m时，其下方应增设喷头（图7.2.3）；采用早期抑制快速响应喷头和特殊应用喷头的场所，当障碍物宽度大于0.6m时，其下方应增设喷头	一般	对自动喷水灭火系统进行改造，补齐缺少的喷头

续表

序号	问题描述	原因分析及错误图例	规范条款及正确图例	风险等级	整改对策
10	洒水喷头处错误安装了挡水板	施工遗留问题 	GB 50974—2014《消防给水及消火栓系统技术规范》 7.1.10，2　挡水板应为正方形或圆形金属板，其平面面积不宜小于 0.12m²，周围弯边的下沿宜与洒水喷头的溅水盘平齐。除下列情况和相关规范另有规定外，其他场所或部位不应采用挡水板： 2　宽度大于本规范第 7.2.3 条规定的障碍物，增设的洒水喷头上方有孔洞、缝隙时，可在洒水喷头的上方设置挡水板 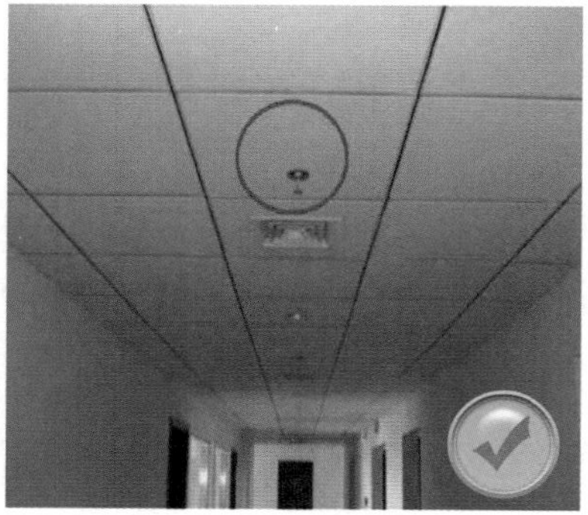	一般	对自动喷水灭火系统进行改造，去除不应安装的挡水板

续表

序号	问题描述	原因分析及错误图例	规范条款及正确图例	风险等级	整改对策
11	湿式报警阀报警管路控制阀被关闭	维保工作不到位，或工作人员不了解湿式报警阀的工作原理，不知道报警管路控制阀应处于常开状态	GB 50084—2017《自动喷水灭火系统设计规范》 4.1.3，2　湿式系统、干式系统应在开放一只洒水喷头后自动启动，预作用系统、雨淋系统和水幕系统应根据其类型由火灾探测器、闭式洒水喷头作为探测元件，报警后自动启动	严重	立即开启报警管路控制阀，用铅封、锁链等工具将其固定在常开状态，并在阀门附近悬挂“常开”指示牌

续表

序号	问题描述	原因分析及错误图例	规范条款及正确图例	风险等级	整改对策
12	湿式报警阀上下压力表压差过大	若下侧读数正常，上侧压力偏高，可能是因为管道中存有积气。若上侧读数正常，下侧压力过低，可能是因为稳压系统出现问题	GB 50261—2017《自动喷水灭火系统施工及验收规范》 8.0.7，7　打开末端试（放）水装置，当流量达到报警阀动作流量时，湿式报警阀和压力开关应及时动作	一般	请消防维保单位根据现场情况进行排查与维修，使报警阀上下压力表读数相差不大于 0.01MPa

续表

序号	问题描述	原因分析及错误图例	规范条款及正确图例	风险等级	整改对策
13	风机控制柜处于手动状态	维保工作不到位，或工作人员不知道风机控制柜应处于常开状态	GB 51251—2017《建筑防烟排烟系统技术标准》 9.0.1 建筑防烟、排烟系统应制定维护保养管理制度及操作规程，并应保证系统处于准工作状态	一般	立即将风机控制柜转换到自动状态

续表

序号	问题描述	原因分析及错误图例	规范条款及正确图例	风险等级	整改对策
14	风机风管破损	风管使用过程中出现老化，被环境腐蚀，或人为开口后未封堵严密 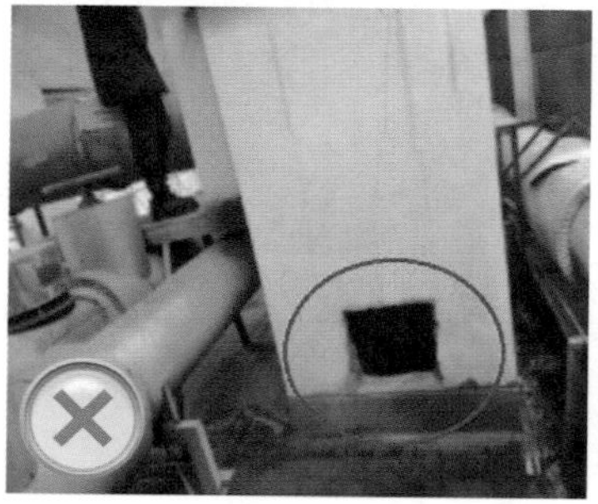	GB 51251—2017《建筑防烟排烟系统技术标准》 8.2.1　风管表面应平整、无损坏；接管合理，风管的连接以及风管与风机的连接应无明显缺陷  风管完好	一般	对风管破损处进行修补，若风管使用年限较长，可对其他部位风管进行检查，有必要时及早更换
15	本应处于常闭状态的风阀，现场为开启状态	维保工作不到位，未关闭风阀，或风阀锁闭装置失灵 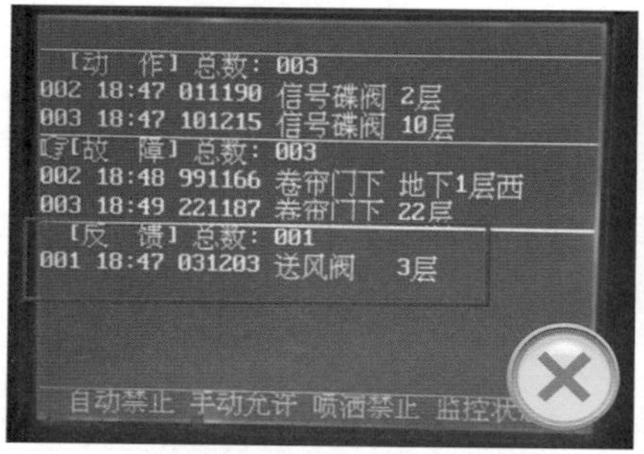	GB 51251—2017《建筑防烟排烟系统技术标准》 9.0.1　建筑防烟、排烟系统应制定维护保养管理制度及操作规程，并应保证系统处于准工作状态 	一般	设置在前室的送风阀和除地下停车场以外的排烟阀应处于常闭状态，发现其处于开启状态，应立即通过风阀上的手动执行机构将其关闭。若锁闭装置失灵，应联系消防维保单位修复或更换

续表

序号	问题描述	原因分析及错误图例	规范条款及正确图例	风险等级	整改对策
16	风机启动后，气流方向与铭牌箭头标识方向不一致	风机电机接线错误，极性接反，导致风机反转	GB 51251—2017《建筑防烟排烟系统技术标准》 6.5.1　风机的型号、规格应符合设计规定，其出口方向应正确	严重	按照正确接线方式重新连接电机线路
17	灭火器指针指向红区	未及时对灭火器进行巡查检查，或巡查检查不认真，发现问题未及时上报	GB 50444—2008《建筑灭火器配置验收及检查规范》 4.2.2　灭火器的产品质量必须符合国家有关产品标准的要求	一般	及时用完好的灭火器替换该灭火器，将欠压的灭火器送至专业灭火器维护厂家进行维修

续表

<table>
<tr><th>序号</th><th>问题描述</th><th>原因分析及错误图例</th><th>规范条款及正确图例</th><th>风险等级</th><th>整改对策</th></tr>
<tr><td>18</td><td>未及时对到期的灭火器进行送检</td><td>消防维保工作不到位；未建立灭火器管理台账；检查过程中不认真，未对灭火器有效期进行检查</td><td>GB 50444—2008《建筑灭火器配置验收及检查规范》
5.3.22　灭火器的维修期限应符合表 5.3.2 的规定

表 5.3.2　灭火器的维修期限
<table>
<tr><th colspan="2">灭火器类型</th><th>维修期限</th></tr>
<tr><td rowspan="2">水基型灭火器</td><td>手提式水基型灭火器</td><td rowspan="2">出厂期满3年；首次维修以后每满 1 年</td></tr>
<tr><td>推车式水基型灭火器</td></tr>
<tr><td rowspan="4">干粉灭火器</td><td>手提式（贮压式）干粉灭火器</td><td rowspan="8">出厂期满 5 年；首次维修以后每满 2 年</td></tr>
<tr><td>手提式（储气瓶式）干粉灭火器</td></tr>
<tr><td>推车式（贮压式）干粉灭火器</td></tr>
<tr><td>推车式（储气瓶式）干粉灭火器</td></tr>
<tr><td rowspan="2">洁净气体灭火器</td><td>手提式洁净气体灭火器</td></tr>
<tr><td>推车式洁净气体灭火器</td></tr>
<tr><td rowspan="2">二氧化碳灭火器</td><td>手提式二氧化碳灭火器</td></tr>
<tr><td>推车式二氧化碳灭火器</td></tr>
</table>
应在有效期范围内</td><td>一般</td><td>加强对消防维保工作的督促与检查；建立灭火器管理台账，在临近到期时对灭火器分批量进行集体更换；检查过程中注意查看灭火器的有效期，临近到期前及时上报</td></tr>
</table>

续表

序号	问题描述	原因分析及错误图例	规范条款及正确图例	风险等级	整改对策
19	疏散指示标识灯指向错误	施工遗留问题  	GB 51309—2018《消防应急照明和疏散指示系统技术标准》 4.5.10，1　应安装在安全出口或疏散门内侧上方居中的位置 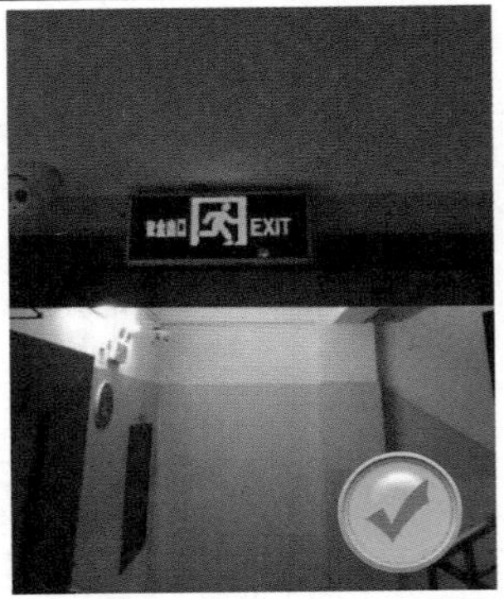 	一般	可由消防维保单位更换指向正确的疏散指示标识灯
20	疏散指示标识灯、应急照明灯用插头取电，存在插头脱落或被拔除的风险	施工人员消防知识不足，安装灯具时未使用标准接线盒 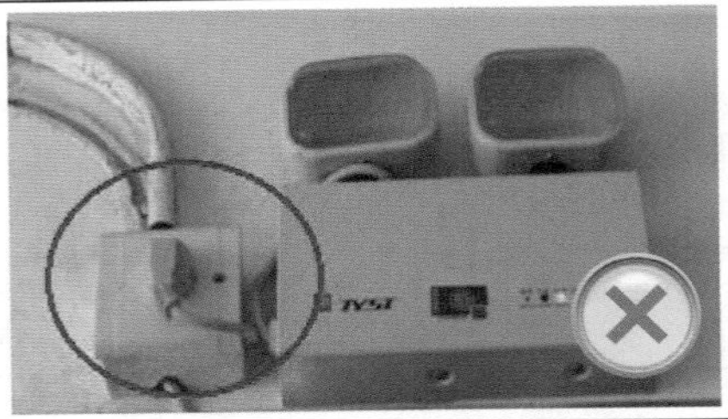	GB 51309—2018《消防应急照明和疏散指示系统技术标准》 4.5.5　集中控制型系统中，自带电源型灯具采用插头连接时，应采用专用工具方可拆卸 	一般	使用接线盒将疏散指示标识灯、应急照明灯与电源直接连接，提升供电可靠性

3.3 消防安全管理典型隐患及整改对策

消防安全管理典型隐患及整改对策见表 3–3–1。

表 3–3–1 消防安全管理典型隐患及整改对策

序号	问题描述	原因分析及错误图例	规范条款及正确图例	风险等级	整改对策
1	单位未制定消防安全管理制度和操作规程	消防安全管理人未履行工作职责	《机关、团体、企业、事业单位消防安全管理规定（公安部令第 61 号）》 第十八条 单位应当按照国家有关规定，结合本单位的特点，建立健全各项消防安全制度和保障消防安全的操作规程，并公布执行	一般	依据消防法规，制定符合本单位的消防安全管理制度及消防设施操作规程
2	单位未制定消防组织机构任命文件	未落实逐级消防安全责任制和岗位消防安全责任制	《消防安全责任制实施办法》（国办发〔2017〕87 号） 第十五条，1 机关、团体、企业、事业等单位应当落实消防安全主体责任，履行下列职责：明确各级、各岗位消防安全责任人及其职责	一般	建立单位消防组织机构，明确各岗位责任人，并下发任命文件
3	单位未制订应急预案或制订的应急预案与本单位实际不符合	消防安全责任人未履行消防安全职责	《机关、团体、企业、事业单位消防安全管理规定（公安部令第 61 号）》 第三十九条 消防安全重点单位制定的灭火和应急疏散预案应当包括下列内容： （一）组织机构，包括：灭火行动组、通讯联络组、疏散引导组、安全防护救护组； （二）报警和接警处置程序； （三）应急疏散的组织程序和措施； （四）扑救初起火灾的程序和措施； （五）通讯联络、安全防护救护的程序和措施	一般	根据单位实际情况制定对应的消防应急预案，并定期组织员工实施演练

续表

序号	问题描述	原因分析及错误图例	规范条款及正确图例	风险等级	整改对策
4	单位未对员工进行消防培训、演练	消防安全管理人未组织员工开展消防培训、演练	《机关、团体、企业、事业单位消防安全管理规定（公安部令第61号）》 第三十六条　单位应当通过多种形式开展经常性的消防安全宣传教育。消防安全重点单位对每名员工应当至少每年进行一次消防安全培训。 第四十条　消防安全重点单位应当按照灭火和应急疏散预案，至少每半年进行一次演练，并结合实际，不断完善预案。其他单位应当结合本单位实际，参照制定相应的应急方案，至少每年组织一次演练	一般	消防管理人应定期组织员工开展消防知识、技能的宣传教育和培训。相关培训记录应保存完好

续表

序号	问题描述	原因分析及错误图例	规范条款及正确图例	风险等级	整改对策
5	单位未开展防火巡查、检查	未执行单位防火巡查、检查制度	《机关、团体、企业、事业单位消防安全管理规定（公安部令第 61 号）》 第二十五条　消防安全重点单位应当进行每日防火巡查，并确定巡查的人员、内容、部位和频次。其他单位可以根据需要组织防火巡查。 第二十六条　机关、团体、事业单位应当至少每季度进行一次防火检查，其他单位应当至少每月进行一次防火检查	一般	应加强消防安全管理，落实防火巡查、检查工作。单位消防管理人应定期查看单位内的防火巡查检查记录

续表

序号	问题描述	原因分析及错误图例	规范条款及正确图例	风险等级	整改对策
6	单位未建立专职消防队或义务消防队	消防安全责任人未履行消防安全职责	《机关、团体、企业、事业单位消防安全管理规定（公安部令第 61 号）》 第二十三条　单位应当根据消防法规的有关规定，建立专职消防队、义务消防队，配备相应的消防装备、器材，并组织开展消防业务学习和灭火技能训练，提高预防和扑救火灾的能力	一般	根据单位自身规模，建立专职消防队或义务消防队

续表

序号	问题描述	原因分析及错误图例	规范条款及正确图例	风险等级	整改对策
7	单位未建立微型消防站或消防站内应配装备不齐全	微型消防站站长工作职责未落实到位	《机关、团体、企业、事业单位消防安全管理规定（公安部令第 61 号）》 第二十三条　单位应当根据消防法规的有关规定，建立专职消防队、义务消防队，配备相应的消防装备、器材，并组织开展消防业务学习和灭火技能训练，提高预防和扑救火灾的能力	一般	单位应根据法规要求，建立对应等级的微型消防站。并确保站内各消防设备齐全，完好有效

续表

序号	问题描述	原因分析及错误图例	规范条款及正确图例	风险等级	整改对策
8	消防控制室值班人员未持证上岗	未按要求招聘持有消控室操作职业资格证书的人员进行值班	GB 25506—2010《消防控制室通用技术要求》 4.2.1　消防控制室管理应符合下列要求： a）应实行每日 24h 专人值班制度，每班不应少于 2 人，值班人员应持有消防控制室操作职业资格证书； …	一般	招聘持证人员进行消控室值班

续表

序号	问题描述	原因分析及错误图例	规范条款及正确图例	风险等级	整改对策
9	消防控制室无专人值班	未执行消防控制室值班制度以及消防管理人督查职责未落实到位	GB 25506—2010《消防控制室通用技术要求》 4.2.1 消防控制室管理应符合下列要求： a）应实行每日24h专人值班制度，每班不应少于2人，值班人员应持有消防控制室操作职业资格证书	严重	应按法规要求，招聘持证人员进行消控室值班
10	消防控制室内无值班记录	消控室值班人员工作职责未落实到位	GB 25201—2010《建筑消防设施的维护管理》 5.2 值班人员对火灾报警控制器进行日检查、接班、交班时、应填写《消防控制室值班记录表》（见表A.1）的相关内容。值班期间每2h记录一次消防控制室内消防设备的运行情况，及时记录消防控制室内消防设备的火警或故障情况	一般	制订专用的消控室值班记录册，将值班期间报警主机各类状态信息记录在册

续表

序号	问题描述	原因分析及错误图例	规范条款及正确图例	风险等级	整改对策
11	建筑内进行动火作业时未办理动火审批手续	未执行动火作业管理制度	《机关、团体、企业、事业单位消防安全管理规定（公安部令第 61 号）》 第二十条　单位应当对动用明火实行严格的消防安全管理。禁止在具有火灾、爆炸危险的场所使用明火；因特殊情况需要进行电、气焊等明火作业的，动火部门和人员应当按照单位的用火管理制度办理审批手续，落实现场监护人，在确认无火灾、爆炸危险后方可动火施工。动火施工人员应当遵守消防安全规定，并落实相应的消防安全措施 动火许可证 年　月　日 NO: 动火单位　动火内容 动火地点及设备名称 动火须知　动火示意图（另附） 1、必须在规定的场所施工，必须要做好可靠的安全防护措施。 2、申请人应提前一天提出动火申请，许可证有效期限为1天，1天后应重新办证，否则将视为无证动火并将予以处罚。 3、动火作业许可证由动火单位填写，经安全保卫部门审核批准，方可动火。 4、动火人必须持有有效操作证。 5、施工现场必须张贴本动火许可证 动火时间　月　日　时　分至　月　日　时　分 防火措施 1、同一场所气焊不得同时操作。 2、焊接时必须配备灭火器材，作业区域清理易燃易爆材料。 3、动火时动火方要有安全监护人。 4、动火结束后必须进行检查和清理，确安警全后方可退场。 5、操作过程中若有违章指挥、违章操作的将予以停产整顿及罚款处理。 动火执行人　操作证号　安全监护人 申请动火人签名（盖章）　年　月　日 运行应采取的安全措施已做完，检修应采取的安全措施已做完，应配备的消防高州和采取的消防措施已符合要求。可燃性、易爆气体含量或粉尘浓度测定合格。 工程部（签章）：　年　月　日 安全保卫部　年　月　日 动火工作于　年　月　日　时　分开始　年　月　日　时　分结束，动火工作过程符合要求。 现场安警员签字： 年　月　日　时	一般	积极落实动火作业管理制度，严格执行动火审批手续

续表

序号	问题描述	原因分析及错误图例	规范条款及正确图例	风险等级	整改对策
12	建筑安全出口上锁，疏散通道堆放杂物，未保持畅通	防火巡查、检查以及火灾隐患整改工作未落实到位	《机关、团体、企业、事业单位消防安全管理规定（公安部令第61号）》 第二十一条　单位应当保障疏散通道、安全出口畅通，并设置符合国家规定的消防安全疏散指示标志和应急照明设施，保持防火门、防火卷帘、消防安全疏散指示标志、应急照明、机械排烟送风、火灾事故广播等设施处于正常状态	一般	加强消防安全管理，发现存在堵塞安全出口、疏散通道现象的，应立即进行整改

续表

序号	问题描述	原因分析及错误图例	规范条款及正确图例	风险等级	整改对策
13	楼梯间内设有烧水间，堆放可燃物	防火巡查、检查以及火灾隐患整改工作未落实到位 	《机关、团体、企业、事业单位消防安全管理规定（公安部令第61号）》 第二十五条　消防安全重点单位应当进行每日防火巡查，并确定巡查的人员、内容、部位和频次。其他单位可以根据需要组织防火巡查。巡查的内容应当包括： （二）安全出口、疏散通道是否畅通，安全疏散指示标志、应急照明是否完好； （六）其他消防安全情况 	一般	及时将设置在楼梯间内的烧水设施及可燃物搬离

续表

序号	问题描述	原因分析及错误图例	规范条款及正确图例	风险等级	整改对策
14	楼梯间、前室常闭式防火门处于常开状态	防火巡查、检查人员工作职责未落实到位 	《机关、团体、企业、事业单位消防安全管理规定（公安部令第61号）》 第二十五条　消防安全重点单位应当进行每日防火巡查，并确定巡查的人员、内容、部位和频次。其他单位可以根据需要组织防火巡查。巡查的内容应当包括： … （四）常闭式防火门是否处于关闭状态，防火卷帘下是否堆放物品影响使用；  …	一般	在常闭式防火门上张贴“保持防火门关闭”的标识。加强对楼梯间、前室的防火巡查，发现问题立即整改

续表

序号	问题描述	原因分析及错误图例	规范条款及正确图例	风险等级	整改对策
15	楼梯间内、通道上停放电动车并对电动车进行充电	员工消防安全意识淡薄，单位管理人员未规划电动车集中停放场地 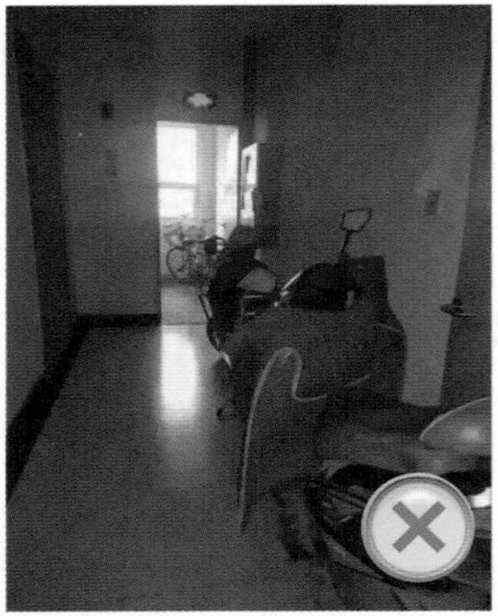	《机关、团体、企业、事业单位消防安全管理规定（公安部令第 61 号）》 第二十五条　消防安全重点单位应当进行每日防火巡查，并确定巡查的人员、内容、部位和频次。其他单位可以根据需要组织防火巡查。巡查的内容应当包括： （一）用火、用电有无违章情况； （二）安全出口、疏散通道是否畅通，安全疏散指示标志、应急照明是否完好 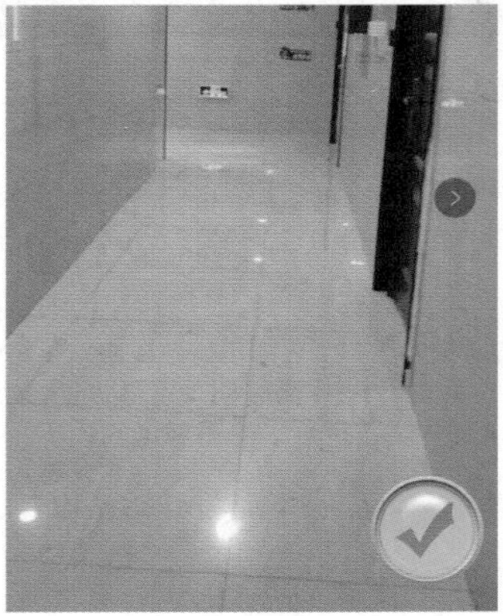	一般	及时驶离停放在楼梯间、通道上的电动车，并规划电动车集中停放及充电场所

续表

序号	问题描述	原因分析及错误图例	规范条款及正确图例	风险等级	整改对策
16	未保持消防设施完好有效	消防设施维护工作未落实到位 	《中华人民共和国消防法》（2019 年修订） 第十六条第二款　按照国家标准、行业标准配置消防设施、器材，设置消防安全标志，并定期组织检验、维修，确保完好有效 	一般	加强对消防设施的维护保养工作，确保各设施处于完好有效状态。对已损坏的消防设施应立即更换

续表

序号	问题描述	原因分析及错误图例	规范条款及正确图例	风险等级	整改对策
17	消火栓被杂物遮挡	防火巡查、检查人员工作职责未落实到位 	《机关、团体、企业、事业单位消防安全管理规定（公安部令第 61 号）》 第二十五条　消防安全重点单位应当进行每日防火巡查，并确定巡查的人员、内容、部位和频次。其他单位可以根据需要组织防火巡查。巡查的内容应当包括：消防设施、器材和消防安全标志是否在位、完整 	一般	及时搬离遮挡消防设施的物件，并在平时加强消防安全管理，发现隐患应及时消除

续表

序号	问题描述	原因分析及错误图例	规范条款及正确图例	风险等级	整改对策
18	建筑内消防设施未定期进行维护保养	消防安全管理人工作职责未落实到位	《机关、团体、企业、事业单位消防安全管理规定（公安部令第 61 号）》 第二十七条　单位应当按照建筑消防设施检查维修保养有关规定的要求，对建筑消防设施的完好有效情况进行检查和维修保养 GB 25201—2010《建筑消防设施的维护管理》 9.1.1　建筑消防设施维护保养应制定计划。列明消防设施的名称、维护保养的内容和周期	一般	委托第三方消防维保机构，定期对建筑内消防设施进行维护，确保各设施处于正常状态。维护保养周期应不低于每月 1 次
			（正确图例见下）		

消防维保记录卡（月）

1. 火灾报警主机及联动系统

	检查项目		检查内容	标准	维保周期	维保结果
1 火灾报警主机及联动系统	1.1	火灾报警主机电源检查、测试	主电源标志检查	主电源有明显的永久性标志，标志清晰	月	√
	1.2	火灾报警主机	外观检查	无锈蚀及明显机械损伤，铭牌标志清晰，组件完整、牢固，各指示灯显示正常，壳体接地可靠	月	√
			自检功能测试	按下自检键，能对面板上所有的指示灯、显示器和音响器件进行功能自检，自检期间，如非自检回路有火灾报警信号输入，主机应能发出声、光报警信号	月	√
			消音、复位功能测试	主机接到报警信号后，按下消音键应能消除声信号，对应显示灯应保持常亮，按下复位键后应能复位	月	√
			火灾记忆、打印功能测试	查看报警控制器报警计时装置情况，应能打印出月、日、时、分等信息，打印机应正常工作，打印纸应充足，不足应补充	月	√
			火警优先、二次报警功能测试	在故障状态下，模拟火灾报警信号，火灾报警信号应能优先输入报警控制器，并发出声、光火灾报警信号	月	√
			主机时间	主机时间正确	月	√
			火灾显示盘显示功能测试	火灾显示盘应能接收火灾报警控制器的火灾报警信号、主电源断电、短路及其它故障报警信号，发出声、光报警信号，指示火灾发生部位，并予以保持	月	√
	1.3	上墙资料	报警主机点位对照表	现场具有《报警主机点位对照表》	月	√
			变电站火灾点位布置图	现场具有《变电站火灾点位布置图》	月	[illegible]
	1.4	手动报警按钮	外观检查	无明显机械损伤，铭牌标志清晰，组件完整，安装牢固，手报复位钥匙齐全	月	

续表

序号	问题描述	原因分析及错误图例	规范条款及正确图例	风险等级	整改对策
19	建筑内消防设施未定期进行检测	消防安全管理人员工作职责未落实到位	《机关、团体、企业、事业单位消防安全管理规定（公安部令第 61 号）》 第二十八条　设有自动消防设施的单位，应当按照有关规定定期对其自动消防设施进行全面检查测试，并出具检测报告，存档备查	一般	委托第三方消防设施检测单位，定期对建筑内的消防设施进行检测
			建筑消防设施年度检测报告 报告编号：KY-NX19019　第2页共15页 检测结论及重要事项说明： 受浙江[illegible]建设有限公司的委托，本公司依据国家法律法规、现行消防技术标准(见本报告第1页的引用标准)的相关条款，于 2018 年 12 月 25 日，对[illegible]工程的（火灾自动报警及联动控制系统、自动喷水灭火系统、消火栓给水系统、防排烟系统、火灾应急照明和疏散指示标志、火灾应急广播及警报装置、消防通讯、防火分隔、消防电梯）消防设施进行年度检查测试，经检测，结果如下： □主控项目：共 57 项，其中合格 57 项，不合格 0 项； □一般项目：共 53 项，其中合格 53 项，不合格 0 项。 以下空白 备　注：/ 检测人：　审核人：　批准人：		

续表

序号	问题描述	原因分析及错误图例	规范条款及正确图例	风险等级	整改对策
20	场所内私拉电器线路，违章用电	员工消防安全意识淡薄，防火巡查、检查人员工作职责未落实到位 	《机关、团体、企业、事业单位消防安全管理规定（公安部令第 61 号）》 第二十五条　消防安全重点单位应当进行每日防火巡查，并确定巡查的人员、内容、部位和频次。其他单位可以根据需要组织防火巡查。巡查的内容应当包括： （一）用火、用电有无违章情况 …	一般	加强消防安全管理及员工的消防意识培训工作

3.4　系统性消防安全隐患及整改对策

3.4.1　湿式报警阀上侧压力远大于下侧，且开启放水阀后上侧压无明显下降

湿式报警阀原理如图 3-4-1 所示。

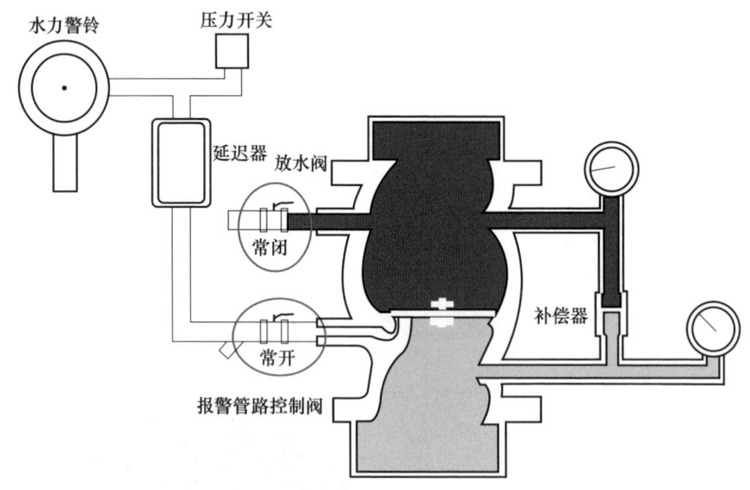

图 3-4-1　湿式报警阀原理图

1. 隐患分析

在未发生火灾的情况下，自动喷水灭火系统的压力由高位消防水箱和稳压水泵保持，湿式报警阀上、下侧压差不应大于 0.01MPa。此时，报警阀上腔中水与阀瓣的接触面积比下方大，阀瓣在上侧压力和自身重力的作用下处于关闭状态。火灾发生后，喷头受热爆裂，湿式报警阀上侧压力降低，阀瓣被下侧水源顶开，使报警阀处于开启状态。报警阀开启后，水流冲击压力开关，压力开关控制喷淋泵直接启泵，为自动喷水灭火系统供应充足的流量和压力。

2. 隐患排查

通过上述分析，工作人员对现场情况进行如下排查：

（1）查看压力表铭牌，两个压力表都在标定的有效期内，判断压力表损坏的概率不大。

（2）该建筑稳压泵设置于水泵房内部，湿式报警阀下侧压力表读数与稳压泵读数基本一致，证明下侧压力正常，稳压系统完好。

（3）通过放水阀防水，上侧压力表读数未见明显下降，证明产生该压力的不仅是水，还有一部分有压气体，推测是自动喷水灭火系统施工或改造完成后，管道内的空气未被排净，导致存有积气。

（4）自动喷水灭火系统装有自动排气阀（见图 3–4–2），可以自动排出管道中的空气。阀体通常安装在喷淋竖管的最高处，以及个别出现局部抬升的横管上。对该建筑的喷淋竖管进行排查，发现自动排气阀虽然安装正确，但一些排气阀的放气旋塞没有打开，导致气体无法排出。

图 3–4–2　自动排气阀

3. 隐患整改

旋开自动排气阀的放气旋塞，旋塞的小孔宜朝下，以防灰尘堵塞。

3.4.2　末端试水阀开启后，喷淋泵不能启动

1. 隐患分析

正常情况下，末端试水阀开启后，水不断向自配水管网末端流出，同一楼层或同一防火分区的水流指示器应动作，表示该段管路上有水流过，水流指示器的动作信号应传达至消防主机。自动灭火系统示意图如图 3–4–3 所示。

由于水不断地向自配水管网一侧流出，湿式报警阀上方压力下降，而报警阀下方的消防水由稳压系统提供静压力，其静压力基本是恒定的。因此，当上方压力下降时，报警阀阀瓣被下方水源顶开，湿式报警阀开启（见图 3–4–4），报警

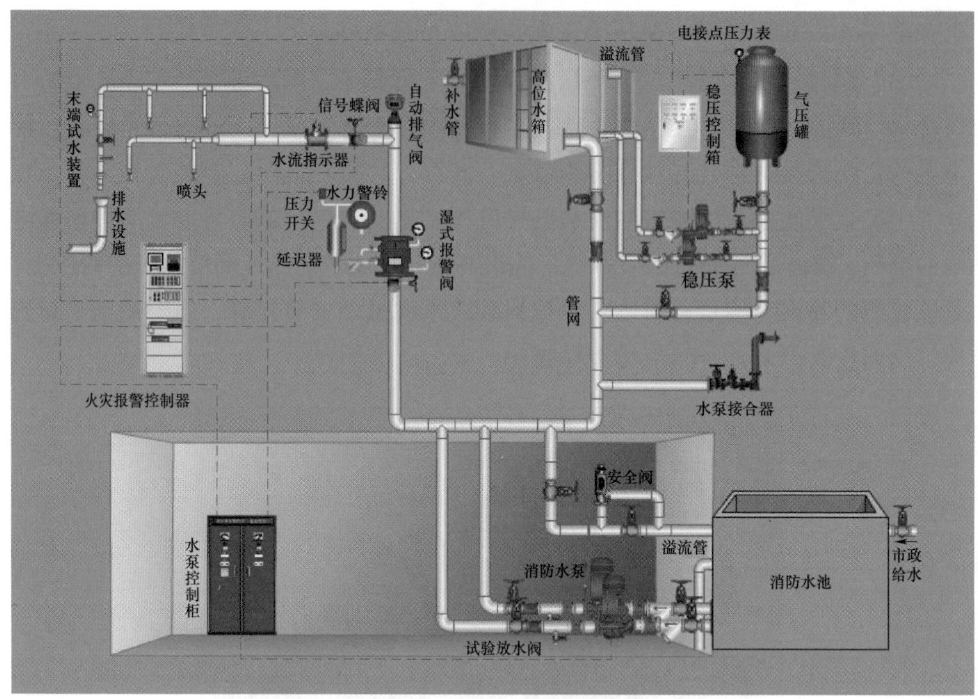

图 3-4-3　自动灭火系统示意图

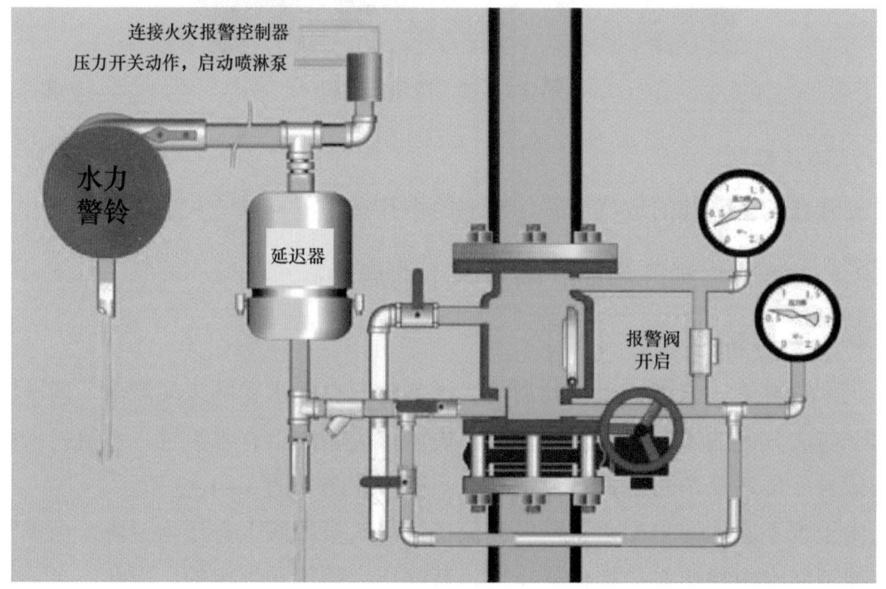

图 3-4-4　湿式报警阀开启状态

管路充水。当消防水涌入报警管路后，经过延迟器，撞击水力警铃和压力开关，水力警铃发出鸣响，压力开关会向消防泵控制柜发送直接启泵信号，并通过输入模块向消防主机发送压力开关动作的信号。此时，若喷淋泵处于自动状态，应能自动启动。

此外，若该建筑的设计时间晚于 2014 年，当报警阀开启后，设置在高位水箱出水管上的流量开关和设置在水泵出水干管上的压力开关也应能够控制消防水泵自动启动。

2. 隐患排查

通过上述分析，工作人员对现场情况进行如下排查：

（1）查看喷淋泵控制柜，处于自动状态，证明水泵未启动的原因不是因为消防水泵处于手动状态，需对管网及管网中其他设备、组件进行排查。

（2）消防主机接收到了来自水流指示器的动作信号，证明水流指示器工作正常，该区域供水管网通畅。

（3）现场水力警铃能够正常鸣响，证明报警阀阀瓣已经打开，消防水流入了报警管路。

（4）消防主机上没有压力开关动作信号。发生此项故障可能的原因有：① 压力开关损坏。② 压力开关与输入模块之间的线路故障。③ 输入模块故障。④ 输入模块与消防主机之间的线路故障。对此逐一进行排查：查看与压力开关相连接的输入模块，输入模块上的信号指示灯没有亮起，将输入模块拆开后，人工短接输入模块的信号反馈端子，模块信号指示灯亮起，消防主机上出现压力开关动作信号，排除③、④。查看压力开关与输入模块间的连接线路，线路保持完好，无断线、短路等情况，排除④。故障原因为压力开关自身损坏。

3. 隐患整改

更换损坏的压力开关，重新进行末端试水装置放水试验，喷淋泵能正常启动。

3.4.3　建筑较高楼层与较低楼层消火栓栓口压力均正常，但中间局部楼层消火栓栓口压力过低

1. 隐患分析

在未发生火灾的情况下，消火栓系统的静压力由高位消防水箱和稳压泵、稳压罐提供。受地球地心引力影响，位于楼顶的试验消火栓在整个系统中静压力最小，而楼层越低，消火栓栓口的静压力就越大。在实际应用中，消火栓栓口静压力不能过小，否则在初期灭火时不能保证水枪出水力度；也不能

过大，否则对管道、零件的承压要求太高，甚至会有爆管的风险。对于一些层数较多、高度较高的建筑，一旦满足了顶层消火栓最小压力的要求，其底层的消火栓静压力则会过大，给系统的安全运行带来隐患。为了解决这一问题，工程中往往通过减压阀、减压孔板等设施进行分区供水（见图 3–4–5），将整幢楼分为高、低两个区，避免因高差过大导致静压力差值过大。

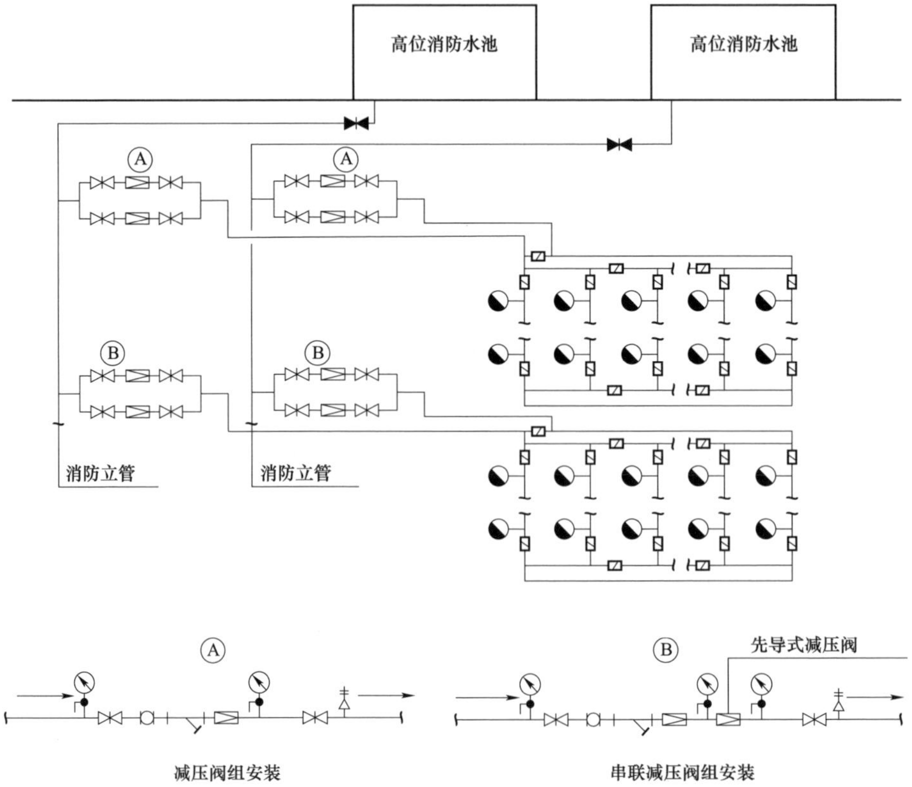

高位消防水池
高位消防水池
A
A
B
B
消防立管
消防立管

A
减压阀组安装

B
先导式减压阀
串联减压阀组安装

图 3–4–5　分区供水示意图

2. 隐患排查

通过上述分析，工作人员对现场情况进行如下排查：

（1）该建筑高 105.8m，地上 25 层，地下 3 层。检查过程中发现，该建筑–3F～7F 消火栓栓口压力位于正常区间内，8F～11F 栓口静压力不足 0.15MPa，12F～25F 及屋面试验消火栓栓口压力位于正常区间内。

（2）该建筑设有高位消防水箱和稳压泵、稳压罐，故消火栓栓口最小静压力不应小于 0.15MPa。

（3）该建筑高 105.8m，由重力作用带来的压力值约为 1.05MPa。按照规范要求，消火栓栓口静压力不应大于 1.0MPa，大于该值则应采取分区供水。该建筑难以同时满足最小、最大静压力的要求，故需采取分区供水。

（4）测量该建筑 8F～11F 消火栓栓口静压力，该值随层数的增高不断递减，在 11F 近乎为零。推测建筑在 11F 进行了减压，－3F～11F 为低区，12F～25F 为高区。

（5）查找该建筑设计图纸，显示该建筑在 11F 采用先导式减压阀进行减压（见图 3－4－6），减压比例为 3:1。现场查看减压阀，其阀前压力为 0.68MPa，阀后压力为 0.02MPa。证明是减压阀自身损坏。

图 3－4－6　先导式减压阀

3. 隐患整改

对受损阀体进行维修，或更换新的减压阀。